探偵フレディの数学事件ファイル

LA発 犯罪と恋をめぐる14のミステリー

ジェイムズ・D・スタイン 著
James D. Stein
藤原 多伽夫 訳
Fujiwara Takao

化学同人

L.A. MATH
by James Stein

Japanese translation published by arrangement
with Princeton University Press
through The English Agency (Japan) Ltd.

リンダへ
きみといれば、いまでも1＋1は1だよ。

探偵フレディの数学事件ファイル　目次

目次

はじめに

タイトルについて

本書（原書）のタイトルは『L. A. Math（ＬＡの数学）』なのだが、なぜそのタイトルなのかをまず説明しておきたい。アメリカ西海岸のロサンゼルス（ＬＡ）では数学がひと味違うから、というわけではない。ほかの場所と同じように、ここでもまた２＋２は４だ（ちなみに、私はＬＡ在住）。

実際のところ、理由は３つある。ひとつは、人々の目を惹きたいから。タイトルに「ＬＡ」と付けておけば、まず確実に人々が興味をもつ。たとえ次の言葉が「数学」でもそうだと、私は願いたい。テレビ番組の『ＬＡロー』も、書籍や映画の『ＬＡコンフィデンシャル』も成功したではないか。カンザス州のウィチタやイリノイ州のピオリアといったほかの都市にはない神秘性や魅力を、「ＬＡ」という言葉はもっている。あらゆる面においてＬＡの最大のライバルであるニューヨークでさえも、そんな力はもっていない。少なくとも、この「シティー・オブ・エンジェルズ」（天使の街）の住人ならばそう思いたい。

２つ目の理由は、本書がまさにＬＡと数学についての本だからだ――読者が想像するものとはちょっと違うかもしれないが。

そして3つ目の理由は？　それを知りたいなら、ぜひ先を読んでほしい。

本書の誕生まで

私はずっと短編小説が大好きだった。優れた短編小説にはプロット（筋）と登場人物、会話があり、おまけに、読み終えるのにそれほど時間がかからないという利点がある。15分あれば、短編1本を最後まで読めるだろう。

短編小説で好きなジャンルはＳＦとミステリーだ。私が少年だった頃はＳＦやミステリーの一流作家の多くが短編を書いていたのだが、最近ではなぜか、出版される短編の数が減っているように感じる。しばらく前、それに気づかされるできごとがあった。カリフォルニア州のカルバーシティーで、数時間ほど時間をつぶさなければならなくなったときのことだ。さいわいにも、近くに図書館があったので、そこで読書をして過ごすことにした。そのとき選んだのが、１９６９年のＳＦ小説の傑作を集めたアンソロジーだ。あれは、価値ある時間の過ごし方だった。

本当に、かなり大きな価値のある時間の過ごし方だったといっていい。あのときの経験が本書を仕上げるきっかけのひとつになったからだ。この本を書き始めたのは20年以上も前のことだった。使っていたのは、もういまは売っていないワープロソフトだ。その頃、教科書出版への参入をめざしていたある会社に、リベラルアーツ（一般教養課程）向けに新しいタイプの教科書をつくってみないかともちかけた。リベラルアーツの数学で取り扱うトピックの基本概念を紹介する短編集と、その概念を詳しく解説する参考書を書いてみたかったのである。学生にとって、どんな数学の教科書よりも理解しやすい本になるだろう。

それが、タイトルに関する3つ目の理由。LAはリベラルアーツ（liberal arts）の略語だ。

出版社が乗り気になり、印税の前金を送金してくれていたので、私は執筆に取りかかった。しかし数カ月後、その出版社が大手の教科書会社に買収され、出版方針に合わなくなったということで、本書の出版は中止になってしまった。私の心境は複雑だった。本書が日の目を見るようになってほしいと思う一方で、教育者たちが私に書かせたい本ではなく、自分の希望どおりに本を書きたいという思いもあった。読者が興味をもつような本を書きたかったのだ。教科書の出版社からすると、読者が教科書に興味をもつかどうかは重要ではない。できるだけ教育者に（理由はどうであれ）却下されない教科書をつくるのが、彼らにとっては重要なのである。

だから、私は執筆をやめた。それまでに書きためた原稿のファイルは、ほかの大量のファイルとともに保存しておいたのだが、現在標準的なワープロソフトとなっているマイクロソフト・ワードで読み込める形式に変換できなかった。コンピューターの専門家のところに持っていって、いくらかお金を払えばできたのだろうが、私はけちで頑固なうえ、原稿を使う予定もなかったので、急いでファイルを変換する必要もなかったのだ。

それから一気に20年ほどの年月が経ち、カルバーシティーの図書館で『ファンタジー・ＳＦ傑作選シリーズ19』（ファーマン、１９７１年）を読むことになった。このアンソロジーで最初に読んだ作品は「ゴーン・フィッシン」（Gone Fishin'）というタイトルで、冷戦時代の最盛期に書かれ、時代の古さをいくぶん感じさせたのではあるが、釘づけになったという言葉ではまったく足りないくらいおもしろく、何年かのあいだに読んだなかで最高の短編だと文句なしにいえる作品だった。これを読んだ映画やテレビのプロデューサー（きっとたくさんいるに違いない、笑）に言っておきたいのだが、権利をとって、ストーリーを今風に新しくし、この短編を原作にして映画やテレビシリーズをつくるべきだ。きっと大ヒットするんじゃないかと思う。とにかく、その短編の作者はロビン・スコット・ウィルソンという人物で、聞いたことのない名前だった。帰宅したら調べてみようと心に決めた。

なんと、ロビン・スコット・ウィルソンはカリフォルニア州立大学チコ校の元学長だった！

そんなに驚くほどのことではないと思う読者もいるだろうが、私にとっては驚きだった。私が教壇に立っているのはカリフォルニア州立大学ロングビーチ校——同じ大学でもチコ校よりははるかに規模が大きく、私に言わせれば、もっとアカデミックな学校だ。事実、ウィルソンが学長だったとき、チコ校はパーティーの騒がしさで全米一といわれていたのだ！　ウィルソンはそんな評価を不快に思い、チコ校のキャンパスに学術的な威厳を取り戻した。

SF作家ロビン・スコット・ウィルソンのそれほど秘密でもない経歴を知った私は、いったんはやめた執筆活動に本腰を入れようと決意し、数学書向けに書いてボツになった自分の短編が「ゴーン・フィッシン」にどこまで迫れるかを調べてみた。確かにジャンルはまったく違うのではあるが、小説の良し悪しを判断できるだけの読書経験は私にも十分にある。自分の作品を冷静に評価するなんてできないのではないかと思う読者もいるかもしれないが、私はだいたいにおいて自分に対して最も厳しい批評家である。それに、自分が書いた作品を読んでいるような感覚ではなく、誰かが20年前に書いた作品を読んでいるような気分になるのではないか。私の体（残念ながら昔と完全に同じ体ではなく、いくらかくたびれてはいる）にかつて宿っていた誰か、という意味だ。現在の私は20年前と同じではない。昔と変わらない人なんて、いないのではないか。

古いワープロソフトで保存したファイルの変換方法を突き止めるのに、2時間を要したが、その方法はばかみたいに簡単だった――まあ、専門家に支払う料金を節約できたのでよかったのだが。ファイルを変換して自分の作品を読み始めてみると、全体のテーマはわかっていても、ほとんどのストーリーをすっかり忘れていて、私にとってはよい驚きだった。この先読んでくれた読者にもそう感じてもらえればと願っている。自画自賛の気持ちがいくぶん入っているのは認めるが、どの作品もきわめて読みやすいし、いくつかの作品にはそれ以上のものがあると感じた。もちろん私の愚見では、ということではあるが。

数学はもっと楽しくなる

数学はＳＦにどうにか「進出」してきた。クリフトン・ファディマンが編集した『第四次元の小説――幻想数学短編集』は数学を取り入れたＳＦ小説を集めたもので、相当おもしろいアンソロジーだ。私が昔からずっと気に入っている作品のうち、2つが収められている。そのひとつ、アーサー・ポージスの「悪魔とサイモン・フラグ」は、ある数学者が、呼び寄せた堕天使ルシフェルに対し、「おまえが24時間以内にフェルマーの最終定理を解くことができたら自分の魂を渡す」と挑むストーリーだ。この話はアンドリュー・ワイルズが実際に最終定理を解く40年前に書かれたものだが、読者がいる限りこのストーリーの魅力は受け継がれていくだろう。もうひとつは、A・J・ドイッチュが同じ頃（1950年代前半）に書いた「メビウスという名の地下鉄」。ボストン市で奇妙な位相をもつ地下鉄システムが建設され、とんでもないことが起きるというストーリーだ。

たいていのSF作品と同じように、これらの作品は単発もので、同じ登場人物がほかの作品に現れることはない。SFでも『スター・トレック』のように同じキャラクターが繰り返し登場するものもあるが、だいたいにおいてストーリーははるか彼方の銀河で繰り広げられる連続ドラマで、ストーリーの巧妙さというよりも、キャラクターとそれらのやり取りに読者は惹きつけられるものだ。だが、ミステリーは違う。登場人物たちとそのやり取りに、ストーリーの巧妙さが組み合わさって、作品の魅力となる（シャーロック・ホームズがよい例だ）。

全編を通じて同じ登場人物たちが出てきて、数学がそれぞれのストーリーのなかで何らかの重要な役割を果たす短編集を書く。私が20年前に始めたこの仕事は、私の乏しい知識で知る限り前例がないのではないか。アメリカの人気テレビシリーズ『NUMB3RS 天才数学者の事件ファイル』があるのは確かだ。あのシリーズが好きな読者ならば、本書のことも気に入ってくれるだろう。とはいえ、あの番組ではプロットのなかでの数学の扱われ方が何となく不自然で強引であり、たいていの場合、視聴者はたいして「数学をする」ことなくアイデアだけを受け入れていた。

本書は違う。ここに収録された短編は、同じ登場人物たちが出てくるというだけでなく、ストーリーで重要な役割を果たす数学的なトピックが、コミュニティーカレッジ（地域の短期大学）や大学で開設されているような一般教養課程の数学の講義として、十分に成り立つという点でも共通しているのだ。短編を読むだけで、興味深くて役に立つ数学の知識を難なく身につけられるし、さらに関心があれば、それぞれの短編に対応する付録を読んで数学をもっと深く知ることもできる。付録はいくぶん数学の教科書のようで、短編に関係する概念や図を載せているが、問題を解かされるわけではないので、どうか安心してほしい。

微積分学のような分野だと、最初の学期の講義内容はだいたいどこの大学でも同じなのだが、一般教養課程の数学はそうではなく、大学によってかなりばらつきがあるし、同じ学校でも講師によって違うこともある。内容は大きく分けて3つある。代数学や幾何学に関するさまざまな話題、確率や統計といった有限数学、そして、ゲーム理論や選挙の数学など比較的最近の分野だ。本書にはこれら3つの内容を盛り込んでいるので、一般教養課程の数学を受講したことのある読者なら、そこで学んだ内容のいくつかを本書で見つけられるに違いない。

執筆にあたっては、以下の3人の方々にたいへんお世話になった。まずはジョーダン・エレンバーグ。一流の数学者というだけでなく、名著『データを正しく見るための数学的思考――数学の言葉で世界を見る』の著者でもある。数学者の考え方と、数学がなぜこれほどまでに人を納得させるのかを記した、間違いなく第一級の本だ。この本を読むなかで、彼と私のユーモアのセンスが似ていることに感銘を受けた。ジョーダンにインタビューする機会を得た私は、本書のひとつの章を見てもらい、もしよろしければ編集者を紹介していただけないかと頼んでみた。最終的に本書の編集者として適任だとわかったのは、2人目の恩人であるビッキー・カーンだ。彼女は編集の過程で、草稿にあった粗さや古くささの多くを改めてくれただけでなく、登場人物の魅力を増すような提案をくれて、草稿になかった機微を与えてくれた。そして3人目は、執筆活動を長年誠実に支えてくれた妻のリンダ。私の本は1冊も読んだことはなかったが、本書は読むと約束してくれた。約束は守ってもらうつもりだ。原稿を読んでくれた、ほかの2人にも感謝したい。探偵のジョージ・ザンバは、探偵稼業の生きた知識を与えてくれ、聞きかじりでしかない私の知識を支えてくれた。ジェイムズ・コイルには、本書の成功を確かなものにする提案も含め、短編の完成度を上げる提案をいくつかもらった。

■各章で取り上げる数学のトピック■

第1章	命題／論理演算子／真理値表
第2章	パーセント
第3章	平均／割合
第4章	数列／等差数列
第5章	一次方程式／連立一次方程式
第6章	単利と複利／分割払い／割賦
第7章	集合論／包除原理
第8章	組み合わせ論／中華料理店の原理（積の法則）
第9章	確率／期待値
第10章	条件付き確率
第11章	度数分布と確率分布／平均と標準偏差／正規分布／ベルヌーイ試行
第12章	2 × 2 ゲーム／純粋戦略と混合戦略／鞍点
第13章	投票の方法／アローの不可能性定理
第14章	アルゴリズム／巡回セールスマン問題／仕事の複雑性／NP 完全問題

■おもな登場人物■

フレディ・カーマイケル
　私立探偵．ニューヨークからロサンザルスに拠点を移し，ピートのゲストハウスを借りて住んでいる．

ピート・レノックス
　フレディの大家で，スポーツマニア．

リサ・カーマイケル
　フレディの妻だが，現在は別居中．

アレン・バーキット
　「バーキット調査所」の経営者．フレディに仕事を斡旋している．

第1章

新天地

海に面したサンタモニカ。そこから8キロほど東に行くと、ウェストウッドにたどり着く。ウェストウッドにはＵＣＬＡ（カリフォルニア大学ロサンゼルス校）のほか、映画館がいくつもある。これら2つの街のあいだにあるのが、ブレントウッドだ。サンタモニカやウェストウッドよりも賃料が安い。だから僕はここで賃貸の部屋を探していた。そして、大都会のニューヨークにいたときでもリサに何度も出くわしていたという事実を何とかしようとしていた。気まずいどころの騒ぎじゃなかった。結婚式では、フリーランスの探偵（僕）とアーティスト（リサ）が結婚するなんて奇妙な組み合わせだと、たくさんの人にからかわれたものだ。たぶん、あまりにも奇妙だったので、僕たちは別居することになった。

新天地でやり直そう、ニューヨークからＬＡに移れば生活はがらりと変わるに違いない、と僕は考えた。いまは、ウィルシャーの北にあるサンビセンテにほど近い、いかにもカリフォルニアらしい大農場の裏にある小さなゲストハウスをじっと見つめているところだ。記憶力がよい人に向けて付け加えておくと、あのO・J・シンプソンがゲストハウスを持っていた界隈である。O・Jならこんな物件は鼻にもかけなかっただろう(ただしそれは金持ちだった頃の話で、いまはネバダの刑務所で服役中だから興味をもつかもしれないが)。かなり朽ちた看板に「貸家」と書かれている。看板はぼろぼろだが、ゲストハウス自体は問題なさそうに見えた。

ドアベルを鳴らすと、普段着の男性が戸口に出てきた。20代後半で、身長は190センチ弱、少し太っている。カリフォルニアといっても、誰もがスポーツクラブに通っているわけではないのだ。やや南部訛りのある気さくな声で、「なにかご用ですか?」と男性は言った。これはLAとニューヨークの違いのひとつだ。ニューヨークならば、「なんか用かい?」と言われればいいほうで、単に「なんか用?」や「なにか?」としか言われないこともある。

「フレディ・カーマイケルと申します。このゲストハウスを借りたいと考えているのですが」と僕は答えた。

「ピート・レノックスです」。僕と握手を交わすと、彼はなにやらごそごそ探して、鍵を見つけてきた。「いいところですね。場所もいいし」と言いながら母屋を通って裏に向かうとき、僕はピートの第一印象を整理してみた。スポーツマニア。おそらく、スポーツ・ベッティング(賭け)をしているだろう。18歳を過ぎたスポーツマニアの大半はスポーツ・ベッティングをしているし、18歳未満でもそういう人が多いのではないか。海外のベッティング・サイトがあるからだ。

男の隠れ家的な部屋は結構な数を見たことがあるから、ピートがスポーツ好きであることは探偵の能力を駆使しなくてもわかった。実を言うと、僕も結婚前はそうだったのだ。その家ではいたるところに、スポーツの視聴や録画に使う最新の電子機器があった。屋根の上に設置されたパラボラアンテナは、ＮＡＳＡの火星探査機が送った信号をリアルタイムで受信できそうなほど大きい。テーブルや椅子には競馬新聞やスポーツ関連のニュースレターのほか、スポーツマニアの家にありそうなあらゆるものが置いてあった。競馬のケンタッキーダービーからアメフトのローズボウルまで、スポーツを連想させるものばかりだ。居間からキッチンに入り、勝手口を出るまでに、野球のグローブやテニスのラケット、ホッケーのスティック、バスケットボールのジャージも見た。なかにはサイン入りもあった。

ピートがどんな環境に住みたいかは彼の勝手ではあるが、飼われていた金魚のことはかわいそうに思わずにいられなかった。いたるところに水槽が置いてあったのだ。といっても、水槽はオバマが大統領に就任してからずっと洗っていないのかと思えるぐらい汚かったから、金魚を飼っているというのは推測でしかない。掃除を怠ったときに発生する藻のようなものがガラスに付着している。汚れていないわずかな隙間から、ときおりオレンジ色の何かがちらっと見えた。

その日のロサンゼルスはスモッグで霞んでいた。サンタアナ山脈のほうから暑い風が吹き下ろしてきていて、ＬＡの盆地で発生した大気汚染物質が拡散しないからだ。とはいえ、ニューヨークの蒸し暑さに比べたらはるかにましだった。もし宇宙人がこのスモッグを通してロサンゼルスの人々を見たら、僕が金魚を見たときと同じ感想を抱くだろうかと、奇妙な考えが頭をよぎる。

ゲストハウスをひと目見ただけで、僕はすっかり気に入ってしまった。リビングが1つ、ベッドルームが2つ、バスルームも2つに、キッチンが1つある。しかも、古風な暖炉までしつらえてある。

僕は古風な暖炉には目がないのだが、ロサンゼルスで暖炉が必要なほど寒くなるとは思っていなかった。何本かの薪のほか、たきつけが少々、火をおこすのに使う古新聞、かなり長いマッチが1箱置いてあったから、暖炉はただの飾りではないのだろう。

家全体を掃除しなければならなかったが、それは気にしなかった。自分がきれい好きとまで言うつもりはないが、混沌しかなかった場所に秩序をもたらしたときには、確かな達成感を得るものだ。

世界トップクラスの交渉能力の持ち主ならば、この家の欠陥を指摘するところだろうが、僕は家賃が自分の予算に合っているかどうかを単に知りたかった。マンハッタンなら、場所にもよるだろうが、おそらく3000ドルは下らない。ニューヨークにゲストハウスはないし、ここには芝生も生え、木々も育ち、花も咲き乱れている。庭に咲くのはバラの花だ。ワオ！　ニューヨークでバラの花を見かけるのは花屋の店先ぐらいで、実際に買おうと思ったら、かなりのお金を払わなければならない。

「家賃はいくらですか？」と僕は訊いた。

「月2000ドル。光熱費込みです」

僕は交渉能力に長けているわけではないのだが、いきなり言い値を受け入れないのがニューヨーク流だ。「ちょっと高いですね。1700でどうです？」

彼がこちらを見る。こちらの意図を探るような目つき。ウォール街のトレーダー、あるいはギャンブラーが見せるような目。親しげでもなく、かといって敵意に満ちているわけでもない。単に、いくらなら折り合いを付けられるかを値踏みしているのだ。明らかに彼は、もう少し上でも大丈夫だと踏んだようだ。こう出てきた。「その中間の額だったらどうでしょう？」

「光熱費込みならいいですよ」

はした金を追い続けるつもりはないのか、それともこれ以上駆け引きを続けたくなかったのか。「じゃあ、それで決まりです。家へ戻って契約書を持ってきましょう」。慣例に従って、敷金として２カ月分の家賃をしぶしぶ支払うと、僕は車へ戻り（家探しのためにレンタカーを借りていた）、荷物を下ろして搬入に取りかかった。

引っ越しをすると、ふだんどおりの生活を取り戻すのにある程度の時間がかかるものだ。友人や仕事の顧客に新住所を知らせなければならないし、携帯電話のほかに固定電話を引くかどうかも決める必要がある。いまある携帯電話を残しておくだけにしようとも考えたが、僕は少し耳が悪く、固定電話のほうが聞き取りやすい。それに、西海岸の市外局番３１０の付いた電話番号をもつのは、ちょっと特別な感じがしたのだ。

僕はさっそく、ニューヨーク時代に何回か仕事をしたことのあるエージェント「バーキット調査所」の経営者、アレン・バーキットに電話をかけた。何か仕事があるかどうかはわからなかったが、いちおう手が空いていることを伝えておきたかったのだ。そして次に、リサに電話をかけようと受話器を上げ、１―２１２と打ったところで尻込みした。男が出たらどうすりゃいい？　知らないのがいちばんだ、悪いニュースを知るよりましだと割り切って、新しい住所と電話番号を電子メールで送ることにした。

こんな金がかかる引っ越しができたのも、マンハッタンに住んでいるときに貯金していたからで、数カ月ぐらいなら仕事を休むこともできた。僕は数日かけて、液晶テレビや食器一式、新しいコンピューター、壁を飾る写真を数枚、ＬＡ風の服をいくつか手に入れた。街ゆく人たちの服装は自分とはかなり違っていたから、街に溶け込みたいと思ったのだ。ピートとは何回か顔を合わせ、自分が使っていないときは母屋にあるスペアの電子レンジを使ってもいいと言ってくれた。母屋には備えつけの電子レンジがあるのだが、ピートはもう1台電子レンジを持っている。独身生活がある程度長い証拠だろう。独身男性にとって電子レンジはいちばん大事なキッチン用品で、レストランから持ち帰ってきた料理の残りを温めるのに必須だ。

電子レンジがなかった時代は、中華料理店から持ち帰った辛くて酸っぱいスープがあったら、それを鍋に入れて温め、スープ用の器に移してから飲んだ（鍋から直接飲む方法もあるが、母親はいい顔をしなかった）。終わったら、鍋と器を洗わなければならなかった。しかしいまや、中華料理店は電子レンジ対応の容器にスープを入れてくれるから、それをチンすればいいだけだ。まさにそれをやったところで、電話が鳴った。携帯電話の呼び出し音とは違うから、明らかに固定電話のほうだ。スープを電子レンジに入れたまま、ＬＡに来て最初の電話に出ようとその場を離れた。

リサかもしれない！　別れてしまったとはいえ、僕はまだ彼女のことが好きだった。アドレナリンが（たぶんほかの体内物質も）出て胸が高鳴り始め、受話器を取ったときには手が少し震えていた。アドレナリンの分泌は収まった。電話の主はアレンだった。

「フレディ？」

「やあアレン、どうした？」

「引っ越しおめでとう」。彼はそう言ったところで間を置いたが、それはほんの少しの時間だった。

アレンは、時は金なりという言葉を絶対に忘れない。それが自分の金ならなおさらだ。「なあフレディ、ちょっとした頼みがある。1日もかからないはずだし、1000は出せるんだが」

読者のみなさんがどうかは知らないが、僕は1日で1000ドルも稼げる仕事を断ることなんてしない。1カ月の家賃の半分以上だ。

「どんな仕事だい？」

「ある企業の上層部で機密漏洩の動きがある。彼らは価値が高い西海岸の不動産を安く買い叩こうとしているらしい。そっちで不動産価格が下落しているのは知っているだろう」

「ああ、そう聞いている。あちこちで落ち込んでいるって。不景気なんだよ、聞いているかもしれないが」

「彼らもそう言ってた。それで、4人の重役の1人が寝返った。LAにあるライバル企業の連絡員と会って、取引の内容を漏らそうとしている。実はこの動きを知ってる男が社内にいるんだ。そいつがきみに情報を伝えてくれる」。そこまで言うと、アレンは間を置いた。おそらく、脂たっぷりのパストラミをはさんだ大きなサンドウィッチにかぶりついたのだろう。彼がはまっている食べ物だ。

「それで、どうすりゃいい？」

「4人の重役は取引を成立させるために、全員LAに向かっている。寝返った人物は、到着したときに連絡員に会うことになっているらしい。その連絡員の人相を知りたい。できたら写真もだ」

「人相はわかると思うが、人混みで写真を撮るのは保証できないな」

「わかってる。ベストを尽くしてくれ。これから、いまわかっている情報を伝えるよ」

紙切れとペンをつかむと、僕は４人の重役の名前や人相をメモした。アレンはその情報を電子メールで送ることもできたのだが、電子メールは信用していない。政府が送信される電子メールをすべて記録していて、暗号化していても読み取られると、誰かから聞いたのだ。それでも世界にはどこかにプライバシーがあるのだと、時代遅れのアレンは信じている。おそらく政府は電話の通話も記録しているんじゃないかと彼に言ったこともあるが、通話記録は文字よりも分析されにくいと、彼は感じているようだ。

いずれにしろ、アレンから聞いた「登場人物」と特徴はこんな感じだ。

①メル・ハズリット。副社長のひとり。40歳前後で、１８０センチ、82キロ。ふさふさの黒髪で、はっきりした顎、べっこうフレームの眼鏡をかけている。

②ドン・バーンズ。法務部長。50代後半で、背が低く（１６８センチ）、ずんぐりしている（90キロぐらい）。頭はドアノブのようにつるりとしているが、それを堂々と見せている。

③ビニー・ロセッティ。経理部長。30代後半、かなり背が高い（１９１センチ、77キロ前後）。髪の毛は茶色で薄くなりつつある。いつも無精ひげを生やしているように見える。

④エレイン・ウェストオーバー。営業部長。１６８センチ、55キロ、30代半ば（この年代で営業部長というのはすごい）。アレンが教えてくれた人相は、ブロンドの長髪で、青い目（目の色が見分けられるほど近づけないことはわかっているくせに）、着こなしがスマート。

グーグルで検索すれば、４人全員の最近の写真は見られると、アレンは言っていた。とはいえ、遠くからだと顔よりも体格のほうがわかりやすいし、最近はセキュリティが厳しくなって到着客に近寄るのは難しいから、身長と体重の情報があったほうがいい。確実に身元を確認するには顔写真が必要ではあるのだが、似たような顔の人物が２人同時に目に入ることもあるから、そのときは身長と体重といった特徴が見分ける助けになる。

最後の情報は、アレンに協力する社内の人物、アーノルドに関するものだ。アーノルドが金曜日に電話をかけてきて、もっている情報を教えてくれることになっているという。最善を尽くすように言われた。いつもやっているよ、と答えておいた。

金曜の朝が来た。まだスモッグで霞んでいる。僕は自分で淹れたコーヒーを飲みながら、グーグルで見つけた写真を確認していた。アーノルドから最初の電話がかかってきたのは、コーヒーを飲み終える頃だった。

まるで誰かに聞かれないか心配しているかのように、アーノルドはささやき声でこう告げた。「フレディ？　アーノルドだ。ハズリットは夜7時にＬＡＸ（ロサンゼルス国際空港）に着き、バーンズは鉄道でユニオン駅に到着する。連絡員がハズリットに会わなければ、バーンズに会うだろう。わかったか？」。こっちが理解したことなど、明らかにどうでもよさそうだ。彼はすぐに電話を切った。

1時間後、電話が再び鳴った。アーノルドのささやき声は一段と小さくなり、しかも早口になった。彼は相当大きなストレスにさらされているようだ。まあ、ニューヨークの人間はたいていそういうものだが。

「フレディ?」。僕がそうだと応答すると、アーノルドはすぐに続けた。「ウェストオーバーは5時前後にロングビーチに着く。連絡員が彼女に会ったら、バーンズにも会うはずだ。ウェストオーバーとの会合を隠すアリバイ工作だろう」

「どうやって裏切り者を見分ければいいんですか?」。当然ながら僕は尋ねたが、話すスピードが遅かった。アーノルドに電話を切られた。

コーヒーをもう1杯淹れ、電話機のそばのひじ掛け椅子に座った。それからまもなく、再び電話が鳴った。ロセッティは6時頃にバーバンク(ボブ・ホープ空港)に降り立つとのことだった。アーノルドについてひとつ言えるのは、彼は無関係な話に時間を使いたくない性分だということだ。

アーノルドから聞いた最後のわずかな情報を書き留めると、一気に増えた指示のリストをじっくり見返した。何とか頭の中で整理しようとしていると、再び電話が鳴った。電話の主は当然ながらアーノルドだと思っていたが、違う人物だった。

「もしもし、ピートだ。備えつけの電子レンジが故障して、飢え死にしそうだ。悪いけど、電子レンジを返してもらってもいいかな?」

「もちろんさ、いずれにしろ1台買おうかと思っていたところだ。ただ、ちょっといま手が放せない。電子レンジをそっちに持っていきたいんだが、引き受けた仕事の指示を待っているところで、電話のそばにいなくちゃいけないんだ。こっちに来てもらってもいいかい?」

「いま行くよ」。電話が切れた。そしてちょうどよいことに、ほとんど同時に電話が鳴った。キャッチホンの機能を付けるべきかもしれない。今度は本当にアーノルドだった。

「フレディ、さっき言ったこと覚えているか？　連絡員がハズリットに会わなかったらバーンズに会うってことだ。変な情報をつかまされたみたいで、それは完全に間違いだった」

メモを取ろうとしたが、文字がうまく書けなくなってきた。「了解、わかりましたよ。ただ、もう少し簡単に説明してもらえるとありがたいんですが」

「時間がない。どうも感づかれたみたいだ。バッテリーも切れそうだし」。電話を切るのが、これまででいちばん早かった。あの調子だと、もうアーノルドから電話はかかってこないだろう。

これまでに聞いた指示のリストで、ほとんどページ全体が埋まった。じっくり見返してみる。むちゃくちゃじゃないか！　4人の重役がそれぞれ到着する場所は互いにかなり離れているのに、ほとんど同じ時間帯に着くから、自分1人で全員の到着を確認するのは無理だ。自分が行けない場所に行く人員を確保する時間もない。しかも、連絡員が誰に会うのか、見当もつかないときた。

ドアが開いて、ピートがゆっくり入ってきた。ゆっくり歩くのがピートのいつものスピードだと、僕はようやくわかった。ピートは電子レンジを引き取ると、僕が座っている場所にやって来て、僕がまとめた指示リストを見た。「何だい、これ？」

僕は簡単に状況を説明した。「この指示はさっぱり理解できない。何かわかるかい？」

ピートは電子レンジを下ろすと、リストが書かれた紙をしばらくじっと見た。「それほど難しくもないな。バーバンクに行って、誰がロセッティに会うかを確かめるんだな」

僕は疑うようなまなざしをピートに向けた。「どうしてそう思うんだい、ピート？」

ピートは少し間を置いて、考えを整理してから口を開いた。「なに、素直に考えたら単純なことじゃないか。連絡員はハズリットに会うかもしれない。だが、アーノルドの最初の指示では、ハズリットに会わなかったら、バーンズに会うということだった。だから、連絡員はハズリットかバーンズに会う。両方に会う可能性もあるが、少なくともどちらかには会う」。そこまで言うと、ひと息ついた。

「ここまではわかったが、なぜロセッティに会うべきかが、まだわからない」

ピートが再び口を開く。「アーノルドがまた電話をかけてきて、当初の情報が完全に間違っていたと言ったのだから、連絡員はハズリットにもバーンズにも会わないことは明らかだ。だから、選択肢はロセッティかウェストオーバーに絞られる。そうだろ？」

僕はうなずいた。「そうだな。ロセッティかウェストオーバーが残った。でも、どっちなのかはなぜわかる？」

「アーノルドがこう言ったのを覚えているかい。連絡員がウェストオーバーに会うとしたらバーンズにも会う、と。だが、さっき確認したように、アーノルドの言葉から判断すると、連絡員はバーンズには会わない。連絡員がウェストオーバーに会うとしたら、バーンズにも会わないといけなくなる。これは、アーノルドから聞いたことと矛盾している。だから、ロセッティが残るというわけだ」

ようやく納得した。「なるほど、そういうことか」。GPS付きの車を手に入れておいてよかった。これでバーバンクへの最良のルートがわかる。マンハッタンならば、混んでいるかもしれないがGPSなしで道はわかる（ただし、間に合わないかもしれないけれども）。

ピートの推理は当たった。ロセッティはバーバンクに降り立ち、到着客で唯一背の高い男性だった。バスケットボールのコーチは、背を高くする方法は教えられないとよく言うが、背の高さは隠すこともできない。空港はわりと混んでいたが、それでもロセッティが1人の男と会っている場面を何枚か撮影できた。男の服装は、カリフォルニア以外の場所だったら絶対人に見られたくないようなものだった。僕は帰宅すると、写真をカメラから取り込んで、アレンに送った。任務達成（のはず）だ。

翌朝、アレンから電話があり、祝福のメッセージとともに、うれしい言葉を受け取った。「小切手を郵送しておいたから」。アレンの言葉は信じられる。その言葉どおり、数日後に小切手が届いた。ピートのおかげだ。世話になったお返しをしないと、よくない気がした。「情けは人のためならず」という言葉もあるではないか。僕はインターネットで検索して、自分の考えを実行してくれそうなところを見つけた。

母屋に行くと、ピートはバスケットボールの試合をテレビで見ていた。昼間の2時でも、地球のどこかでバスケットボールをやっていて、ピートが契約しているケーブルテレビのスポーツチャンネルのひとつがそれを見つけ、放映しているのだ。コートの脇に掲げられている広告はトルコ語のものだろうか。僕は試合が途切れるまで待った。

「ピート、きみに借りがひとつあったと思うんだが」

「何だっけ？　家賃はもらっているし。何か壊したか？」

「そんなんじゃないよ。このあいだ、連絡員が会う人物を教えてくれたじゃないか」

ピートは手を振った。「ああ、あれか。単純な話だった。たいしたことないよ」。彼はテレビに目をやって、コマーシャルが続くのを確認してから、話を続けた。「僕に力を貸してくれるんだとしたら、今度の日曜日にレイダースが勝つかどうかを教えてくれ」

「新聞で読んだことしか知らないよ」

「でも、ほかの人の意見は参考になるんだ」。ピートはいぶかしげにこちらを見て言った。「フットボールは追っているよね？」

「ああ、でも僕はジャイアンツのファンなんだ」

「やっぱりそうだったか。いずれにしろ、レイダースは勝つと思うかい？」

僕は首を振った。「いや、息の根を止められると思うな。でも、僕がいま本当に考えているのは、きみの家で起きている大量虐殺を食い止めることだ」

「何だって？」

「すでに、アジャックス・アクアリウム・サプライという業者に連絡してある。もしかまわなければ、彼らに来てもらって、きみの水槽を掃除してもらおうと思うんだ。料金は僕が支払う。きっと、いまよりもずっとたくさん魚が見えるようになるよ。きみに感謝されなくても、魚が感謝してくれるさ」

ピートはにっこり笑った。「魚は話せない。やつらの代わりに礼を言うよ」

それからしばらくして、アジャックス・アクアリウム・サプライのトラックが到着し、水槽の掃除を始めた。外では、サンタアナから吹き下ろす風がやみ、スモッグが上空へと移動していった。すると、僕の頭の中に、またもや奇妙な考えが浮かんだ。僕たちを観察しているかもしれない宇宙人も、彼らの「水槽」を掃除しなければならないと決めたのではないか、と。

第2章 消えた予算事件

シャワーを浴び終わったところで、電話が鳴った。アレンだった。

「フレディ、横領の案件を引き受けられるかい?」

僕が担当した横領の案件でいちばんうまくいったのは、債権取引を専門にするウォール街の企業に関するものだ。この仕事でアレンから桁外れのボーナスを受け取った。僕がこうしてＬＡで気楽に過ごせているのは、そのおかげでもある。ほかの似たような案件でもいくつかいい仕事をして、横領案件では主力の人材としての名声を確立した。何かが得意という評判を得るのは悪くない。それに、この業界で貸借対照表を読める人はあまりいないのだ。

キャッシュフローを黒字に保っておくのが重要だと、僕は常に感じている。だから正直に言うと、そのキャッシュフローを改善できそうならば、危ない橋を渡ってもいいと思っている。とはいえ、少し話を聞いてから判断を下しても問題はない。

「興味深そうな案件なら、スケジュールを調整してもいいよ」

アレンは少し間を置いた。考えを整理しているのか、それとも、あの脂たっぷりのパストラミをはさんだ大きなサンドウィッチにかぶりついたのか。「きみならきっと興味をもつはずさ。ＬＡの連中が困っていてね。それで、そっちにいいやつがいると言ったんだ。きみの得意分野だと思ったんだが」

評判を得るのはいいことだ。仕事をくれる立場にある人物にそう思ってもらえるのなら、なおさらだ。アレンの会社はニューヨークを拠点としているが、ほかの都市の会社と手を組むことがある。僕は小切手を換金できる限り、その詳しい条件はそれほど気にしない――これまではそうだった。

「もう少し話を聞きたいな。どんな話になっているんだい？」

「コンサルタント料と成功報酬。分け前は半々だ」

いつもの条件だ。バーキット調査所が料金を受け取り、それをアレンと僕で山分けするというわけだ。

「オーケイ、続けてくれ」

「リンダ・ビスタを知っているか？」

一瞬、間を置いて考えた。映画スター？　社交界の有名人？　そして思い出した。リンダ・ビスタはオレンジ郡のどこかの町の名前で、アーティストたちの大きなコミュニティーがある。

カリフォルニアの政治に詳しくない読者に向けて説明しておくと、オレンジ郡は保守派の牙城となっている。リチャード・ニクソンやロナルド・レーガンが大統領になったのも、オレンジ郡のおかげ（せい）だ。だが、リンダ・ビスタ（僕の乏しいスペイン語の知識で翻訳すると「きれいな眺め」）

は、オレンジ郡に対する一般的なイメージとは異なる。

リンダ・ビスタの景色は確かにきれいで、それがアーティストたちを惹きつけている。リンダ・ビスタには数多くのアーティストが暮らすようになり、しかもそのほとんどがリベラル派だ。

その結果、リンダ・ビスタでは二極化が大きく進んだ。穏健派はほとんど見当たらず、両者の隔りは大きい。左側には、型破りのバンガローや工房を構えたアーティストたちがいる。右側にいるのは株式仲買人や不動産取引の大物たちで、入り口がゲートで隔てられた高級住宅街に住んでいるから、ふだんは下等な連中たちと接触する必要はない。品物を届けたり家を修理したりしにくる業者と顔を合わせるぐらいだ。しかし、アーティストやその取り巻きのほうも、政治勢力を形成できるぐらいの数がいる。なにしろ、民主主義では依然として「1人1票」がルールで、「1ドル1票」ではないのだ。妊娠中絶から町づくりまで、あらゆる問題について激論が交わされ、そうした論戦の多くはニュースとして州の全域、ときには全米に報じられた。

リンダ・ビスタについて知っているのは、これぐらいだ。それ以上知りたいと思ったら、車で405号線を1時間ほど走って実際に行くしかないが、ラッシュの時間帯ならばその2倍以上の時間がかかる。あそこで成功報酬を伴うような仕事が発生するなんて、いったいどういう案件なのかはっきりさせたかったので、訊ねてみた。

アレンが教えてくれた情報はこうだ。「市が投じた多額の予算をめぐって、それぞれの側が相手側の詐欺や横領を告発している。というのも、町が政治的に二分されているから、市政管理官が予算の半分を保守派に、もう半分をリベラル派に割り当てて、使い道をそれぞれの側に決めさせたんだ。どちらの側も予算を使い込まれたと主張している」

アレンはひと息ついて続けた。「市政管理官のオフィスで働いている友人から相談を受けてね。それで、横領案件で第一級の仕事をいくつもこなしている男がいるって、きみを紹介したんだ。やってみるかい？」

「いいよ。どれくらい時間をかけたら、さじを投げてもいいのかな？」。言い換えれば、コンサルタント料がいくらかという質問だ。

「好きなだけやってくれ」。言い換えれば、アレンが時間を管理するわけではないから、昼でも夜でも好きなだけ働いてくれというわけだ。「コンサルタント料は３０００ドル。不正の証拠を見つけたら1万までアップする」。割り算が得意でなくても、かけた時間の多少にかかわらず１５００ドルの報酬が保証され、成功すれば５０００ドルもらえることがわかる。これもまた割り算が得意でなくてもわかるが、アレンは電話を1本かけただけで同じ額を手にするのだ。生まれ変わったら、雇われ人でなく、雇う側になろうと心に決めた。

アレンから関係者について簡単な情報を得ると、その夜、僕はコーヒーが入ったポットを用意してコンピューターに向かい、かなりの時間をかけてそれぞれの人物の経歴や素性を調べた。情報化時代になってひとつ言えるのは、人の経歴調査が以前よりはるかに楽になったことだ。検索エンジンとソーシャル・ネットワークがあれば、ガソリン代や靴底の減りを相当抑えられる。

翌朝、ラッシュの時間帯が過ぎるのを待って、リンダ・ビスタへ向かった。市役所がある一画は、コンビニやファストフード店が1列に立ち並ぶショッピングモールで、それを美しいと思わなければば、景色が美しいとはとてもいえない場所だ。駐車できる場所を見つけ、コートとネクタイを整えて、関係者との面会に臨んだ。

その日は3人に会う予定だった。じっくり話を聞きたいと思っていたのだが、最近は誰もが多忙な日々を送っているようで、それぞれの面会時間は最大15分しか得られなかった。ほかの人がさじを投げた案件だとアレンが言っていた。だから、どの人物もすでにほかの面談を受けている。人はたいていの場合、同じ質問を何度もされると、だんだんやる気をなくすものだ。最初に会うのは、保守派の市議会議員エベレット・ブレイズデルで、保守派が予算不足である理由を説明してくれることになっていた。2人目はリベラル派の市議会議員メラニー・スティーブンズで、同上だ。最後に、市政管理官のギャレット・ライアンに話を聞く。

僕には、自分のそれまでの経験をもとにひとつの集団に対して先入観を抱いてしまうという悪い癖がある。だから、保守派のエベレット・ブレイズデルは、太鼓腹で顎のたるんだ典型的な南部の議員だと想像していたのだが、実際に会ってみて、エベレット・ブレイズデルが40代のアフリカ系アメリカ人だったことに少し驚いた。まるで、20代から30代にかけてNBAでポイントガードとしてプレイしていたように見える。

彼はすぐに本題に入った。「言っておきたいんだが」と怒鳴るように話を切り出す。「割り当てられた予算で実行したことはすべて規則に従っている。あらゆる経費を記録済みだ」。大量の台帳や小切手の写しが収められたフォルダーを彼から受け取ると、僕はざっと目を通してブリーフケースにしまった。

ブレイズデルは怒りを隠さない。「実業界こそリンダ・ビスタの中心で、市民に不利益をもたらすような行為をしていると言われるなど、とんでもない話だ。われわれの予算は19万8000ドル不足している」

コートを走り回っているNBAのポイントガードならば、簡単に息切れしないだろうが、ブレイズデルはたぶん体調が整っていないのだろう。彼が間を置いたので、僕はすかさずそこに割り込んだ。「ブレイズデルさん、いったい何が起きているんだと思います?」と穏やかに訊ねた。

「こういうことだ。メラニー・スティーブンズとその過激な取り巻きたちが、その金をどうにか手に入れたんだよ。やつらはアートと称する作品を制作するのに20万ドル必要としている。リンダ・ビスタの良識ある市民にとっちゃ、不快きわまりない作品だ。消えた予算、19万8000ドルはその像の予算をほぼカバーできる金額じゃないか」

僕は興味をもった。「よろしければ教えてほしいのですが、その像というのは、どんなものですか?」

ブレイズデルの血圧が上がったようだ。「やつらは自由の女神の小さな模型を制作して、それをコカコーラの中に浸けようとしている。知ってるかもしれんが、コカコーラは酸性だから、像はだんだん溶けていく。この動的な具象主義アートってやつが、極端な商業化によって破壊される市民の自由を示しているというんだ。言っておくが、われわれは断固として闘う」

彼は腕時計に目をやった。「申しわけないが、次の予定がある。あのくずどもが予算で何をしでかしたのかわかったら、教えてくれ」。ブレイズデルは部屋から出ていった。

メラニー・スティーブンズのオフィスは建物の別の翼棟にあったので、到着までに少し時間がかかった。ブレイズデルとの衝突をできるだけ抑える目的があるのかもしれない。その日はステレオタイプにめぐり会えない日だった。リベラル派でも急進的なメラニー・スティーブンズに対する僕のイメージは、60年代から生き延びた長髪のヒッピーといったものだったのだが、実際には、銀髪の元気なおばあちゃんといった雰囲気で、孫に食べさせるクッキーでも焼いている途中だったかのように見える。彼女も明らかに忙しそうで、「すみませんが、10分しか時間をとれません。私たちの経費すべてのコピーをとっておきましたから」。台帳や小切手の写しがまた、僕のブリーフケースに収まった。

「カーマイケルさん、言っておきたいのですが、私たちがあの19万8000ドルを使えたはずなんです。無料の診療所に使う計画でした。ブレイズデルが帳簿を改ざんした、というのが本当のところですよ。ライアンが勇気を出してあなたに調査を依頼してくれて、本当にありがたく思います」

「ブレイズデルは、消えた予算をあなたたちが使ったと考えているようですが」

彼女は息巻いた。「それは、あの人たちの典型的な言い分です。自分たちが悪さをしたときにはいつも嘘をついて、相手が嘘をついていると言うんですよ。市民をだまして、あのお金を政治活動委員会に流したんでしょう。それだけじゃないかもしれません。ブレイズデルは再選への闘いが厳しいと感じているんです。あの金を選挙資金に流用していたとしても、私はちっとも驚きません」

「あなたたちは無料の診療所ではなく、アート事業にあの予算を使おうとしていると、彼は思っているようですが」

「おおぼら吹きったらありゃしない。あの像は個人からの寄付でつくることを、彼はよく知っているはずです」。彼女は腕時計に目をやった。「あの人たちの負けがわかったら、教えてください」

スティーブンズのオフィスを出て、最後の面談に向かった。相手のギャレット・ライアンは不安げな表情で、幸せな生活を送っていないことは明らかだ。「何かわかりましたか？」と訊ねてきた。

僕は首を振る。「ブレイズデルとスティーブンズと話してきたところです。それぞれから、完璧な書類だっていうものを受け取りました。どちらも自分たちは無実だと言い張って、相手のせいにしています。消えた金額は19万8000ドルですね？」

今度はライアンが首を振った。「いや、19万8000ドルというのは双方の言い分です。何たる偶然の一致でしょう。それとカーマイケルさん、2人は互いにいがみ合っているとはいえ、どちらも立派な人物です。市をだますような人には思えませんね」

「偶然」という言葉が気になった。「両者とも消えた額がまったく同じというのはおかしいですね。予算を組むプロセスについて、少し詳しく教えてくれませんか」

「なに、単純なことですよ。リンダ・ビスタの住民が納める税額は決まっています。課税の条件を複雑にすると、会計係を雇わなければならなくなるんです。前回の人口調査で決まった税額は、1人につき100ドルでした。リンダ・ビスタの人口は前回の調査から20％増えましたが、歳出を増やす必要はありませんでした。私の主導で、予算を控え目にして、質素な市政運営を心がけてきましたから。その結果、市議会で税額を20％減らすことが決まりました。当然ながら、この施策は市民にとても好評でした」

「それはそうでしょう。市民全員が税金を納めていますか？」

「全員です。私たちはとても誇りに思っています。徴収率100％ですから。よくない話も聞いているかもしれませんが、リンダ・ビスタの市民は公徳心にあふれているんですよ。リベラル派も保守派もそれは同じです」

貸借対照表を取り扱ってきた経験がそれなりにあるので、数字の正確さがきわめて重要だということを知っている。「人口の増加率はぴったり20％ですか、それともそれは概数でしょうか？」

ライアンは書類を調べて答えた。「ぴったり20％です。小数点以下４桁までの情報が載った書類を持っているので、間違いありません」

そのとき電話が鳴った。ライアンは受話器をとって、政治の会話によくある曖昧な言葉を熱心に並べ始めた。数分後、受話器を置いた彼はこう告げた。「カーマイケルさん、すみませんが次の予定が押していまして。何か進展があったら教えてください」。僕は握手をしてオフィスを後にした。

途中で軽い食事をし、それでもラッシュを避けながら、数時間後には帰宅した。僕に気づくと、ピートが話しかけてきた。「リンダ・ビスタの仕事はどうだったかい、フレディ？」

「なかなかおもしろい１日だったよ。興味あるかい？」

ピートがうなずいたので、僕は15分ほどかけて、問題点と登場人物について説明した。「あの帳簿の山を調べるのには、１日かそこらかかりそうだ」

ピートが首を振る。「僕にはもう、ばっちりわかったと思うよ」

よくある反応だ。誰だって探偵を気どるものだ。アマチュアはいつも、自分がもともと抱いている先入観に合致した人物を犯人だと思い込む。ピートはブレイズデルが選挙資金をほしがっている重鎮政治家だとみているのか、それとも、ピートは保守派で、メラニー・スティーブンズを急進派のやっかいな人物と思っているのかはわからない。いずれにしろ、探偵というのはすぐに結論を出さないように心がけなければならない職業だ。

「すぐに結論を出しちゃいけないぜ、ピート。書類に残った証拠を見つけないといけないんだ。僕には何度も経験があるからね」

ピートは紙切れをつかむと、何かを書きなぐって封筒に入れ、封をした。「きみが5ドル賭けて、僕が負けたら20ドルあげよう。犯人の名前は封筒の中に書いてある」

いい気になりやがって。ここでびしっと締めておかないといけない。それに、明らかに五分五分の賭けに対して4対1のオッズが設定されているのも気に入った。「その話に乗った」と僕は言った。僕たちはその封筒に自分の名前を書いた。ピートはそれをテレビの隣のテーブルに置いた。

「きみの準備ができたら、封を開けよう」。僕は自分の部屋に戻り、帳簿との格闘に取りかかった。48時間後、僕は睡眠不足で目がかすんでいたが、たいした進展はなかった。調べた限り、スティーブンズとブレイズデルの帳簿はどちらも完璧で、きわめて正直に記載されていた。僕の腕が落ちたのか、それとも、どちらか一方（あるいは両方）がその才能を浪費して細かな単位まで帳尻が合うように帳簿を改ざんしたのか。そのとき僕は、ピートが封印した封筒のことを思い出した。もしかしたら彼は、僕が見つけられなかった何かを本当につかんでいたのかもしれない。

母屋に行くと、ピートは腰を据えて楽しそうに野球の試合を見ていた。コマーシャルに入ったときを見計らって、声をかけた。

「封筒の中身を見る準備ができたよ、ピート」

「犯人がわかったのかい？」

「正直言うと、わからん。行き詰まったんだ」。僕はテーブルのところへ行って、封筒を開けた。中に入っていた紙の裏側に何かが書かれている。僕はひっくり返して見た。ピートが書いた名前はこれだった！「ギャレット・ライアンと市議会」

思わず紙を落としそうになった。僕が予期していた名前と明らかに違う。「いったいどうして、ライアンと市議会が金を使い込むんだ？」

「使い込んだなんて言っていないよ。予算が消えた原因は彼らにあると、僕は考えただけさ」

僕は首を振った。「わからないな。使い込んでいないとしたら、なぜ予算が消えた原因が彼らにあるんだ？」

「おそらく問題は、彼らが数学音痴だということだろう。よくあることさ」

「どういうことだ、数学音痴って」

「算数が苦手っていうことさ。今回の場合だと、パーセントの概念がよくわかっていないんだろう」。野球中継でピッチャーの交代があったので、ピートはテレビのほうを向いて続ける。「納税者が20％増えたからといって、１人分の税額を20％減らしても、歳入は前と同じにならない。パーセントは足し算や引き算じゃなく、掛け算と割り算で計算するもんだ。20ドル増えたんだったら20ドル減った分を相殺できる。これは足し算や引き算が関係しているからだ。パーセントではこうはいかない。パーセントの計算のもとになる数字は、計算するたびに変わってくるからね」

「そうかもしれんが、どうしてそう言える？」

ピートは電卓をつかんだ。「どちらの側も足りないと言っている額は、19万8000ドルだったよね？」

僕は数字を確認して答えた。「ああ、その金額だ」

ピートは電卓にいくつか数字を打ち込んだ。「ライアンに電話して、前回の人口調査で納税者の数が9万9000人だったかどうかを確認してくれ。そうだとしたら、消えた金のありかを教えよう」

翌朝、ライアンに電話をかけてみたところ、前回の人口調査で判明した納税者の数が確かに9万9000人だったことを確認できた。僕はピートに計算が正しかったことを伝えたが、それを証明する計算過程を知りたかった。

パーセントの計算は308ページに続く。

ピートは紙切れを取り出した。「消えた金のありかは、ちょっとした掛け算をすればわかるよ。前回の人口調査を受けて徴収した税金は、1人あたり100ドルが9万9000人分だから、990万ドルになる。人口が20％増えると、11万8800人。税額は1人あたり80ドル（100ドルの20％減）だから、徴収した税金の総額は950万4000ドルで、これは前回の人口調査のあとの税金より39万6000ドル低い。39万6000ドルを半分にすると、19万8000ドルだ」

ようやくわかった。「リンダ・ビスタで顔を真っ赤にする人が何人か出てくるだろうな。今回の件を発表する記者会見を見てみたいものだ」。自分の部屋に戻り、アレンに電話して調査結果を報告した。彼は満足げな様子で、小切手を送るからと言った。前にも言ったように、アレンは口先だけの男ではない。アレンに仕事を調整してもらうことの利点は、料金の徴収に頭を悩ませなくて済むことだ。僕はそれが得意ではない。

39万６０００ドルを埋め合わせなければならないと、彼らがリンダ・ビスタの市民にいったいどのように報告するかが気になったが、納税者1人あたりにすればたった3・34ドルほどだから、それほど面倒なことにはならないだろう。ライアンの倹約志向と人口の増加のおかげで、それでも税額は前回の人口調査時より依然として低くなる。数ある自治体のなかで、減税を実施する自治体はどれだけあるだろうか。簡単に計算してみると、仮に1人あたり3・42ドルを追加で課税すれば、予算の不足分を補えるだけでなく、アレンへの支払いもカバーできる。ライアンに提案してみようとも考えたが、自分に恥をかかせた人物からの提案になど、たいして興味をもたないだろう。

僕は良心の呵責に耐えられなくなった。思案した末に、自分で受け入れられそうな妥協案を思いつき、母屋に向かった。

ピートは別の野球中継を見ていた。ドジャースがスクイズに挑んだが、ダブルプレーでイニングが終わると、ピートはうなった。「長いシーズンになりそうだな」と言って、ため息をつく。

「まだシーズン序盤じゃないか」。僕はそう言うと、彼に紙切れを手渡した。「これで少しは気が済むかい」

「なんだい、これ?」。僕が渡した１７５０ドルの小切手を見て言う。「家賃は受け取り済みだよ」

「家賃じゃない。僕がもらった報酬の分け前さ」

「報酬、何の?」

「オレンジ郡の横領案件さ。問題を解決した報酬が３５００ドル。きみにはその半分を受け取る資格があると思ってね。きみは計算を担当したが、僕は依頼人との連絡や現地調査をした」

ピートは小切手に目をやった。「たいした仕事をしていないのに、もらいすぎじゃないか。そうだな、僕は２５０ドル受け取って、残りはきみの家賃に充てることにする」

なんていい大家なんだ！ ギネスブックに教えるべきかもしれない。「僕にとっては、ありがたすぎるよ」

ピートは小切手をシャツのポケットに突っ込んだ。「なあフレディ、探偵の仕事って、いつもこんなに楽なのかい？」

僕は苦笑いを浮かべた。「まさか。これまでの2つの案件が、たまたまきみの得意分野だっただけだ。1カ月かけて成果が何も出なかった案件も、ときどきあったよ。どん底のときは最悪だっていうことだ。きみの仕事のほうはどうなんだい？」

「仕事なんて呼べるようなものは、あんまりやってないよ。この家があって、銀行に貯金がある。ゲストハウスを人に貸せば、十分に生活していけるからな。僕には得意分野もあるから、それを見込まれてときどき仕事が来ることもあって、おもしろそうだったら引き受ける」。ピートはそこでひと呼吸置いた。「もちろん、報酬がべらぼうに高かったら、おもしろくなくても引き受けるけれど。まあ、景気が落ち込んでいるしね」

「心に留めておくよ」。僕がそう言って部屋を出ようとすると、ピートが呼びかけてきた。

「何か忘れてないか？」

僕は振り返った。「覚えてない。何だっけ？」

「賭け金があっただろう。5ドルくれよ」

僕は財布から5ドル札を1枚取り出して渡した。ピートは満足そうにうなずき、札を小切手と同じポケットに突っ込むと、また野球中継を見始めたのだった。

第3章 時間の問題

ふだんピートは、家に人を泊めるのをいやがっているようで、泊めるには彼の了承を得たほうがいいと思っていた。しかし、僕たちがいま置かれている状況は、ふだんとはちょっと違っている。

まず、すでに泊まっている客人がいる。ピートのいとこのシンディだ。しかもシンディには、マフィーという連れがいる。マフィーは人ではなく、ミニチュアプードルという種類の犬なのだが、仮に人だとすれば、甘やかされすぎて駄目になったやつだと言われるだろう。ふだんキャビアとトリュフしか食べていないみたいで、いわゆるふつうのドッグフードには見向きもしない。しかも、四六時中キャンキャンと吠えている。時間に関係なく眠る習慣のあるピートには、かなりの困り者だ。少なくともトイレのしつけが行き届いているのはよかったみたいだが、それでも、数日間の泊まり客をさらにもう1人迎えるのをピートが許してくれる可能性は、限りなくゼロに近かった。

ピートに受け入れてもらおうとしている僕の客人は、ビル・マクドナルドという男性だ。友人をカテゴリー分けするのは誰でもやっていると思うが、ビルは「古い友人で、親友に近いがそこまででもない」リストに入っている。近所の幼なじみで、いっしょに通学したし、長年お互いに頼みごとをしたりされたりしてきた。ビルは保険の代理店をやっているので、僕が数年前にニューヨークで保険業界を詳しく調べなければならない案件を抱えたときには、ビルが手助けしてくれた。だから、彼には借りがある。ビルは仕事がうまくいっていて、マンハッタンにアパートをもっているだけでなく、サンディエゴの北にあるビーチフロントに魅力的なコンドミニアムも所有している。それに、ビルはとてもよくできた男で、友人に保険を売り込まないという良識を備えてもいる。

ピートは南部の血筋だから、生まれつきもてなしの心をもっているはずだ。ビルを数日間泊めてもいいかとピートに訊ねると、彼は肩をすくめてこう言った。

「きみのゲストハウスさ。家賃を払っているじゃないか」

「まあそうだけれど、そもそも運営しているのはきみだろう。大家を敵に回したくないからね」

「その友だちって、どんなやつだい？」

「保険の代理店をやっている。いいやつだよ。すごく魅力的ってわけでもないが、退屈な男でもない。行儀もいいいし。家を荒らしたりしないよ」

「プードルを連れてこなければ泊まってもいいと、そいつに伝えてくれ」

たぶんピートは、たくさんの訪問者を可能な限り早く片づけたい性分なのだろう。とにかくビルには、犬を連れてこなければ歓迎すると伝えておいた。

あとから気づいたのだが、ビルとシンディが互いにうまくやっていけるかどうか、少し考えてみるべきだったかもしれない。だからいま、２人がいる状況を吟味してみる。

シンディについては、まだ数日間しかいっしょに過ごしていないので、知っていることは多くない。シンディは南部のどこかの出身で、高校の高学年のときにクラスの演劇で主役を務め、短期大学では演劇専攻でまずまずの成績を収めた。それで富と名声へのチケットを手にしたと思ったのか、映画やテレビで活躍したいと考えるようになった。そうしたキャリアを歩みたいと思ったときにめざすのは、みなさんがよくご存じのハリウッドだ。近くに泊まる部屋と食事を提供してくれるいとこがいるとなれば、なおさらである。

とはいえ、僕が知っているシンディは好感がもてる。こちらから何か質問すると、彼女は少し間を置いて考えをまとめてから、完璧な文章として答えてくれる。「えっと」とか「あのー」といった言葉は入らない。おそらく、演劇の授業で学んだのだろう。もうひとつ好感をもっているのは、彼女が本を片時も手放さないことだ。僕は読書家が好きなのだ。

うれしいことに、ビルとピートの相性もとてもよかった。プードルを連れてこなかったことについては当然喜んでいるが、それだけでなく、ビルはスコアボードを伴う競技に僕なんかよりもはるかに強い興味をもっていて、ピートがスポーツについてあれこれ話せる相手になったのだ。僕の友人たちは話せるやつらだとの印象を、ピートは抱いたようだ。ほかにも招待したい客人がいたら前向きに考えるとまで言ってくれた。

一方、シンディがいるときのビルは、しどろもどろになってしまう悪い症状が出た。完璧な文章で話すシンディに対し、ビルの話はわけがわからず、名詞と動詞がいっしょになってしまうことさえあった。それに加え、ビルは顔を真っ赤にして、おでこに汗をかいてしまう。

こんな症状を見て、何か気づくことはないだろうか。僕はある。これは、大人になりきれていない成人男性の恋わずらいが始まった明白な証拠だ。それをなぜ知っているかというと、自分自身でも1度か2度、この症状を経験したことがあるからだ。成人してまだ未熟だったときにもあったたし、成熟してからもあった。

シンディはこれにどう反応したのか？ それは悩ましいところだ。ビルはベストな自分を見せていたとは僕は思わないが、シンディの気持ちは知りようがない。女性は予想外の言動をすることが多いものだ。著名人のなかにも同じ考えの人はいる。フロイトは死の床で「女たち！ 彼女たちはいったい何をしてほしいんだ？」と言ったという。フロイトは生涯をかけて女性のことを研究していた。一方、僕はこの先長いと願いたい人生の3分の1も女性と接していないし、僕よりフロイトのほうが明らかに頭がよかったはずなのに。

しかし、しゃべりが流暢で洗練された男が好きな女の子がいる一方で、自分を見て落ち着かなくなった男を好きになる女の子もいるものだ。ビルのためを思えば、シンディが後者であることを願う。ビルは明らかに彼女がいると動揺していたから。

シンディの女優志望の件はといえば、予想よりもはるかに順調な進展を見せていた。ハリウッドに何年いてもエキストラ以上の役にありつけないという人の、ぞっとするような話を耳にしたことがあるが、シンディは2週間も経たないうちに映画でセリフのある役をどうにか手に入れ、その撮影が1週間後ぐらいにシカゴで始まるのだという。セリフが10個ぐらいあるから、SAG（映画俳優組合）カードをもらえるということだ。質問に対して完璧な文章で答え、セリフをきちんと読める彼女のような人物を見つけて、プロデューサーが驚くかもしれない。いずれにしろ、シンディは有頂天で、ピートと僕はそんな彼女を見てうれしかった。ビルももう、その頃にはだいぶ慣れてしどろもどろにならなくなっていたので、同じく彼女に祝意を伝えた。

とはいえ、3人だと必ずしもきゅうくつな感じではなかったのだが、4人にプードルが加わると、大家族のようになってしまう。ピートも僕も、独りの気ままな暮らしが戻るのを待ち望んでいた。なぜならビルは、シンディがシカゴへ発つ時間とだいたい同じ時間に出発する予定だったからだ。シンディは列車で移動しながら、セリフを練習するつもりだという。

言われなくても僕にはわかっていたことだが、そうとも知らず、ビルはシンディに対する気持ちを僕に打ち明けた。シンディとデートできるよう僕に仲を取りもってほしいと彼が思っているのが、ありありと伝わってくる。直接頼まれなくても、それは明らかだ。僕がそこまでする必要はない。泊まる場所と食事を提供していれば十分だ。もし彼が僕の親友リストに入っていたら、何かやってみようと思ったかもしれないが（とはいえこれは友人をなくしやすい行動でもある。親友であっても）、いまの状況では見込みはないだろう。それに、力になりたい気持ちはあっても、シンディと直接会える機会をつくれるほど彼女とは親しくないし、ピートを通して間接的に機会をつくるのは論外だ。いとこと友人の仲を取りもつよう自分の大家に頼む人なんていない。少なくとも僕はしない。

もちろん、ビルが最高の結果を得られるように祈ってはいるが、ロマンスの領域で道をどう切り拓いていくかは本人しだいだと、僕は思う。シンディが出発する前日の晩の時点でも、ビルがまだ何もしていないのは明らかだった。

翌朝、僕はコーヒーを切らしているのに気づいた。僕は朝のコーヒーを欠かせないたちで、ありがたいことに、南部育ちのピートはそれを与えてくれる温かい心の持ち主だ。カフェイン不足の症状を和らげようと、僕はビルといっしょに母屋のキッチンまで赴いた。時刻はだいたい午前8時。僕がコーヒーを淹れていると、朝の静寂を打ち破るように突然、苦悩に満ちた声が耳をつんざいた。

目を覚ましたピートとともに、その苦悩に満ちた声が聞こえたリビングに急いで向かった。そこで目にしたのは、丸めた新聞紙を手に、マフィーに一撃を加えようとしているビルの姿だった。犬は物をかむのが好きだ。マフィーはビルの顧客台帳を数ページだけ残して、ずたずたにかみ砕いてしまったのである。そんな大切なものをマフィーの行動範囲に持ち込んだのは、おろかとしか言いようがない。ここで「おろか」という言葉を使ったのは結果を知っているからである。単なる憶測よりもはるかに正確な記録だ。

新聞紙を振り上げたビルを、僕は止めた。念のため伝えておくと、この時点では苦悩に満ちた声の主がビルなのかマフィーだったのかははっきりしていなかった。

「マフィーをこてんぱんにやっつけたら、シンディの印象が悪くなるぞ」と僕は言った。

ビルは意気消沈した様子だったが、それは顧客台帳がめちゃくちゃになったからなのか、マフィーに対する反撃をきちんと果たせなかったからなのかは、よくわからない。ビルはシンディの寵愛を受けているマフィーに嫉妬していたんじゃないだろうか。いまだに彼女を外から眺めることしかできていないし。

とはいえ、しばらくすると、彼は正気を取り戻した。「フレディ、大きな頼みごとがあるんだが。

僕のコンドミニアムまで車で連れていってくれないかな。台帳のコピーが家に置いてあるんだ。明日必要なんでね」

僕は気乗りしなかった。その日に予定があったわけでもなかったのだが、1日がつぶれてしまうようなドライブには行きたくない。「誰かに頼んでファックスで送ってもらえないのかい？　コンピューターに入っているだろ？」

「入ってはいるんだが、暗号化されていて、それを復号する鍵はコンピューターに入ってないんだ。それも家にある。鍵は僕が持っているやつひとつだけだ」

「レンタカーを借りればいいじゃないか」

「まあそうなんだが、シンディにお別れを言える時間までには戻ってきたい。レンタカーだと、車を借りる場所まで行って引き取るだけで数時間かかるし」

「だったら列車で行けば？」。僕はどうにか逃れる道を探った。「I-5（州間高速道路5号線）の渋滞はひどくなる一方だよ」

「列車は本数が少なくて間に合わない」

自分の車をビルに貸すこともできたのだが、彼に付き合って人生のなかの1日をつぶすのもいい考えだと思い始めた。前にも言ったように、ビルは保険業界の案件で大きな力になってくれた。ニューヨークに行ったときに、泊まる場所があるのもいい――ニューヨークでまともな場所に泊まろうとすると、かなりのお金がかかる。ここでつぎ込んだ時間は将来、別のかたちで取り戻すことができるのだ。それに、彼は友だちでもある。

「わかった、付き合うよ」

「恩に着るよ、フレディ。これで借りができたな。コンドミニアムは、ここから１２０マイルぐらい離れている。いまは朝だから、平均して時速40マイルくらいで走れるはずだ。顧客台帳のコピーを見つけるのには何分もかからない。今日は運が悪いことに、I－5は北向きの車線がいくつか閉鎖される予定だから、帰りはせいぜい平均時速20マイルで走れればいいほうだ。シンディは列車に乗るのに、いつここを発てばいい？」

「5時半くらいだな」。僕はすばやく計算した。「40足す20の答えを2で割ると、30だ。平均時速30マイルということになる。往復２４０マイルの道のりに8時間かかるということだ。急げば9時前に出られるだろう。余裕は十分にあるな」

「まず朝食だ。とにかく、僕は食べたい」

「それは心配ない。何か持っていける食べ物が冷蔵庫にあるし、途中でビッグマックを買ってもいい」。ピートのほうを見ると、苦悩に満ちた声に起こされたのがおもしろくなさそうだ。とにかくピートは、起こされるのが嫌なのだろう。

「ピート、僕らが出かけていることをシンディに伝えてもらってもいいかな」。シンディは耳栓をして寝ているので（早朝からキャンキャン吠えるマフィーの声を消すためだろう）、この騒動にはまったく気づいていないはずだ。

「メモを残しておくよ」。ピートはそう言ってあくびをした。「寝たのは午前3時なんだ。だから、また寝るよ」。ピートはあくびを何度か繰り返して、去っていった。僕はメモを残しておくよう、ビルにも言っておいた。ピートがいつ起きるかわからなかったからだ。

ビルと僕はすばやく身支度をして、9時少し前に出発した。ビルはフリーウェイの道路事情に明らかに詳しいようで、彼が予想したとおり、コンドミニアムがあるサンディエゴまでの道のりを平均時速およそ40マイルで走ることができ、正午少し前に到着した。ビルは顧客台帳のコピーを数分程度で見つけ、僕たちは帰途についた。

ロサンゼルスまでの帰り道は最悪で、いつものように高速道路の2車線が閉鎖されていた。どうにか平均してほぼ時速20マイルで走ることはできたのだが。僕がビルを列車に乗せようと仕向けた理由がおわかりだろう。

午後が刻一刻と過ぎていく。交通渋滞にも増してうんざりしたのは、ビルが午後のあいだずっと恋愛や女性全般、そしてシンディについて話し続けたことだった。哲学者としては、ビルはまだまだだ。そうした会話が数時間続いたあと、僕は何とかラジオをつけてドジャースの野球中継を聞き始めた。僕はそれほど野球が好きというわけではないが、ビルは野球ファンだ。それまでの数時間にビルから聞かされた悩みごとを繰り返されるよりも、野球の生中継を聞いていたほうがずっとましだった。

ようやくロングビーチの郊外に近づいてきたところで、腕時計に目をやり、すでに夕方の5時近くになっていることに気づいて、血の気が引いた。何がまずかったのか。行きは平均して40マイルを少し超える時速で走れたし、帰りも時速ほぼ20マイルで走っているのに。

結局、家に戻ったときには6時から数分過ぎていた。シンディは30分ほど前に出発したと、ピートが声をかけてきた。ビルは悪態をついた。

「十分余裕をもって帰ってこられると言っていたじゃないか、フレディ」

「そう思ってたんだけど。いったい何が間違っていたのか」

ピートはカウチでくつろぎながら、僕たちの会話をしっかりと聞いていたに違いない。こちらを振り返って、こう言った。「何がどうなったのか、僕が説明してあげてもいいぜ」

ビルはまだ僕をにらみつけていた。ピートは朝早く起こされて不機嫌そうだったが、少なくともにらみつけるようなことはしなかった。人をにらみつけない人物と話すほうがいいと考えて、僕はピートにこう言った。「どうしてだろう。行きは平均して時速40マイル、帰りは20マイルで走ったんだ。ビルが顧客台帳を取ってくるのに数分しかかからなかったし、ハンバーガーとフライドポテトを買うのも5分で終わった。それでも時間に余裕があったはずだ」


平均値の計算は３０３ページに続く。


「きみは、時速20マイルと40マイルの平均値が時速30マイルだと考えたね。これは、その時速で同じ時間を走った場合にだけ当てはまるんだ。だが、きみたち2人はその時速で同じ距離を走った。実際には行きが3時間、帰りが6時間かかっているから、予想よりも1時間多くかかっている」

ビルが怒りをあらわにする。「完全におまえのせいだ、フレディ」

「僕のせいだって？　部屋と食事を与えてやったのに。きみが夢見た女の子と同じ屋根の下にだぜ。だいたいきみが、犬にかまれそうな場所に顧客台帳を置いたんじゃないか。こっちは1日つぶして車を運転してやったのに、それが感謝の気持ちかよ」。僕もだいぶ腹が立ってきた。

ビルは怒りを収めた。「悪かったよ、フレディ。もっと早くデートを申し込むべきだったんだけど、その勇気がなかったんだ」

「じゃあ、いまデートを申し込めばいいんじゃないか？」とピートが提案した。

ビルは希望に満ちあふれた表情を見せたとまでは言わないが、表情の険しさがだいぶ和らいだことは確かだ。「どうすればいいのか教えてくれ」

「保険の仕事をさっさと終えて、シカゴまで飛んだらどうだ？　列車が着いたときに会うことができる」

ビルは思案した。「なるほど、それはできるかもしれない。でも、彼女がどう思うだろうか。卵を山ほど投げつけるような態度を見せられて終わりってこともありうる。彼女はほかに何か計画があるかもしれないし、僕に会うなんて絶対に思っていないだろうから」

ピートは「なんで僕がそこまで詳しく教えないとダメなんだ」というような表情を僕に見せた。その表情の意味を読み取ったのは、彼がこう言ったあとだった。「彼女が好きそうなものが思い浮かぶだろう。バラとか、チョコレートとか、シャネルの５番とか、そういったものだ。彼女の乗った列車の客室にそれを届けてもらうんだ。列車は途中で駅に停まるから、手配はできるはずだ。『密かなファンより』って書いたカードとともにね。それで、受け取りを確認したあとに、テキストメッセージか電子メールで、密かなファンというのは自分だと明かすんだ。仕事でシカゴへ出張に行くから、ぜひ会いたいと。よくある手だよ」

ビルの表情が明るくなった。「やってみる価値はありそうだ。それに、シカゴには本社があるから、交通費を出張経費として落とすこともできる」。おいおい、バラ（あるいはチョコレートやシャネルの５番）も経費として落とすのかと、僕は思った。

ピートが人間関係にまつわる領域に踏み込んだのを見たのは、このときが初めてだった。しかも赤の他人の関係にだ。その試みはどうやら成功に終わったようだ。数日後、シンディがメールで送ってきたと言ってピートが見せてくれた自撮り写真には、シカゴの湖畔で幸せそうにしている彼女とビルが写っていた。その写真を見ているとき、ふとひとつの疑問が頭の中に浮かんだ。

「きみが教えてくれた平均値の計算は、たいして複雑じゃなかっただろ。僕たちがシンディの出発時間に間に合わないって、どうして気づかなかったんだ？　僕らが出発してから気づいたのか？　僕らを引き止めることもできただろうに」

ピートと知り合ってそれほど日が経っていないが、彼は何かに気づかなかったことを指摘されることが、何よりも気にさわるようだ。たとえ睡眠不足で頭がふだんの半分の速さでしか回っていない状態だったとしてもだ。

「あのちっちゃな問題のことか？」。ピートは苛立った様子だ。「時速20マイルと40マイルの平均が時速30マイルだと、きみが言った瞬間から、結末が見えていたよ。高校生でもわかる」

「僕らが間に合わないことを知っていたんだったら、なんで引き止めなかったんだ？」

「止める理由もないと思っていたから。それに、僕には僕の問題があったんだ」とピートは告白した。「ビルはきみの友だちかもしれないが、シンディは僕のいとこだ。彼女はビルの気持ちを知りたがっていたが、僕にはわからなかった。人生相談の人みたいにはなれないよ」

僕は彼のほうを向いた。「ビルの気持ちがわからなかったたって？　明らかだったじゃないか」

「きみにはそう見えただろうが、僕にはさっぱりね」

「僕には十分はっきりしてたけどな。とはいえ、ビルは手遅れになる前に行動を起こそうとしなかったのは確かだ」

「僕は子どものときに自分の気持ちがわからないと、どうしていたのかを思い出したんだ」とピートが昔を振り返る。「自分が何をしたいのかわからないとき、コインを投げて決めたものだ。コインが落ちたときには、表と裏のどちらが出てほしいと思っていたかがわかるんだ」

僕はうなずいた。「なるほど。シンディが行ってしまった、たぶんこの先もう会えないとわかったとき、ビルは気づいたんだ。何もしないよりは、デートを申し込んで断られたほうがましだって」

「僕にはそう思えたね」

「なあピート、きみは2人の人間を幸せにした。ビルとシンディをだ。少なくともいまのところは」。そのとき、ある考えがふと頭に浮かんだ。「きみにとって、こんな状況は初めてだったんじゃないか」

「2人の人間を幸せにするってことがかい？」

「そうじゃない。僕らが時間までに戻ってこられないってきみが指摘したとしたら、シンディとビルは何も解決できなかったかもしれない。ビルは相変わらずしどろもどろで、シンディにデートを申し込むことさえできなかっただろう」

ピートは少し考えた。「たぶんそうだろうが、それが何なんだ？」

「もしきみが僕らが戻ってくる時間の問題を解けなかったとしても、同じ結果をもたらしたんじゃないか。きみが問題を解いて、答えを告げたとしたら、何もかもが台無しになってしまうおそれがあった。だからこれは、そもそも問題を解かないほうがいいときみが判断した初めての事例だろう」

彼は再び考え込んだ。少なくとも考えるふりをしてから、こう答えた。「それは違う。物事が解決したのは確かだ。僕が答えを告げたとしたら、彼らは自分で解決できなかったのか？　そんなの誰にもわからないよ」。ピートはそう言うと、僕が議論で劣勢に立たされたと感じたときにするのと同じ行動をとった。彼は振り返って去っていった。

第4章

最悪の40日

時間が解決してくれるだろうと思っていた。つまるところ、リサはニューヨークにいるわけだし、誰かがかつて言ったように、海に出れば魚はたくさんいるのだ。ほかの魚を釣り上げようと初めて釣り糸を垂らしたきっかけは、偶然の賜物だった。家にある食料がなくなったから、補充しようとスーパーマーケットに向かった。ＬＡに住んでいれば近所に必ずオールナイト営業のスーパーマーケットがある。ニューヨークにもあるにはあるが、向こうは土地が限られているので品揃えがそれほどよくないし、大都市での犯罪発生率は下がってきているとはいえ、ここブレントウッドよりはマンハッタンのほうが危険な目に遭いやすいのだ。

僕の悪いところのひとつは、自分の行き先をよく見ないことがある点だ。だから、スーパーマーケットで開いていた唯一のドアから入ろうとしたとき、何かほかのことに気をとられて、出てきた若い女性とぶつかってしまった。その女性は僕より15キロぐらい軽そうだし、向こうは買った品物を運んでいて、僕は手ぶらだったので、衝突によるダメージは彼女のほうがはるかに大きかった。

「ちゃんと前を見て歩いてよ」と女性はきつい口調で言ってきた。

ニューヨークだったら、そんな言葉はけんかの始まりで、言われたほうは「そっちこそ気をつけろよ！」といった言葉で応酬することになる。実際、僕もそう言いかけたのだが、もう1度その若い女性を見てみると、ここは穏やかに対応してその場を丸く収めたほうがいいんじゃないかと気づいた。それに、ここはニューヨークじゃない。だから、僕は自尊心を押し殺して謝罪し、壊れた品があったら弁償すると申し出た。

女性は驚いた様子だ。「ニューヨークに住んでいたとき、そんなこと言ってくれた人はいなかった！」と感嘆の声を上げ、買い物袋をのぞいて被害を確認した。

事の始まりを台無しにしなかったばかりか、卵が1個割れていたので、いっしょに店内に入って卵を交換することまでした。そのあと交わした会話から、彼女はエリカ・ヌスバウムという名前で、モデルになるためにニューヨークからハリウッドにやって来て、最近フェイスクリームの広告モデルの仕事を断ったところだということが判明した。ほかのモデルならぜひとも引き受けたい仕事だろうが、彼女にとってはいらない仕事だったのだ。さらにうれしいことに、彼女はスーパーマーケットの隣にある深夜営業のコーヒーショップで軽食に付き合ってくれた。その出会いが次の機会へとつながり、まもなく僕は7年ぶりにデートすることになった（結婚はデートにカウントしない）。

ここで僕自身のことを少し伝えておきたい。たいていの人と同じように、自分のことを悪くないと思っているのだが、自分にはそれなりに欠点があることもちゃんとわかっている。だから、他人の欠点も大目に見る傾向がある。他人を非難していいのは罪なき者だけだ。

僕の欠点のひとつは、煙草が好きなこと。とはいえ実際のところ、欠点だとは思っていない。1930年代か40年代なら、喫煙は洗練された大人の証しだったのだ。いま僕は、愛煙家に対する風当たりが強い時代に生きているだけでなく、喫煙が許されない場所に住んでいる。ロサンゼルスが喫煙者を排除しようとしているその徹底ぶりは、マサチューセッツ州のセーレムで魔女裁判が行われていた時代を彷彿させる。それよりも落書きの一掃に力を入れてくれたほうが、ロサンゼルスはいまよりずっとよくなると思うのだが。

いまよりずっとよくなるといえば、エリカ・ヌスバウムとの出会いがインターネットのデートサービスを通じたものだったら、僕もいまよりずっと楽だったかもしれない。彼女がプロフィール欄に「禁煙希望」という条件を付けておけるからだ。最初からそれがわかっていたら、こんなつらい目には遭わなかっただろう。

少し前に、僕の欠点について書いた。世界中の誰もがそうだと思うが、エリカにもそれなりに欠点があるはずだ。ただそれは性格的なものであって、外見は非の打ちどころがない。エリカはニューヨークから来たと言っていたが、まるでカリフォルニアのサーファーのように見える。長いブロンドの髪に、透き通った青い目、そして、完璧な形をした鼻。なぜだかわからないが、僕は完璧な形の鼻に目がないのだ。

喫煙に対するエリカの姿勢がロサンゼルス市民と同じだと気づくのに、それほど時間はかからなかった。2回目のデート（深夜営業のコーヒーショップでのひとときは除く）で、僕が知っているこぢんまりとした素敵なイタリアンレストラン（煙草が吸える数少ないレストランのひとつ）でディナーを食べ終わり、コーヒーを注文した。コーヒーが運ばれてきて、僕が食後の一服を楽しむべく無意識に煙草に火をつけると、エリカがその青い目をひそめ、完璧な形をした鼻を不快そうにゆがめたのだった。

「フレディ」。そう言う彼女の声にも、嫌悪感が表れていた（目と鼻で示しただけでは足りないとでも思ったように）。「煙草をやめる努力をしないとだめよ。不愉快な習慣だわ。あなたの体だけでなく、周りの人の体にもよくないから」

僕は経験豊かな探偵だから、その口調、細くひそめた青い目、そしてゆがめた鼻を見れば、彼女の不快な気持ちはわかった。「エリカ、なかなか簡単にはいかないんだ。きみは吸わないから、わからないだろうけど。マーク・トウェインがこんな言葉を残しているのを知っているかい。『禁煙なんて簡単だ。僕は何千回とやってきた』ってね」。僕はくくっと笑って、この都合の悪い話題が変わればいいと思ったのだが、そうはいかなかった。

彼女は青い目をさらに細くひそめた。鼻のゆがみも大きくなった。「フレディ、有害な発がん性物質にさらされ続けるなんて、耐えられないから。すぐにやめられないんだったら、少しずつ本数を減らしていけばいいじゃない。毎日少しずつ」

それはあまり気乗りしなかった。一方で、せっかく芽生えつつあったこの関係を、何もせずにあきらめるつもりもなかった。それが体にしみこんだ悪癖との闘いだったとしても。

「わかったよ」。僕は折れた。「やるよ。いまは1日2箱吸っている。本数にしたら40本だ。明日から40日かけて、1日1本ずつ減らしていく。それでどうだい？」

エリカの目つきも少し和らいだ。「すばらしいわ、フレディ」。彼女の目はさらに大きくなって、鼻も元どおりの形になった。口調もすっかり穏やかになって、魅力を取り戻した。「ディナーもほとんど終わったことだし、私からひとつ提案があるわ」。彼女は手を伸ばして、僕の手を握った。いい気分に浸れたのは、0・8秒ほどだった。

彼女は僕の手を少しだけなでると、もともとの標的だった煙草に手を伸ばし、僕の指のあいだから器用に抜くと、煙草の火をもみ消した。「いまから始めたらいいじゃない?」

その夜は、期待どおりに終わったわけではない。とはいえ、僕にはやるべき仕事ができ、それを実行するには携帯電話の電卓が最適なツールのように思えた。さっきエリカに約束した計画を終えるまでに、何本の煙草が必要なのかを計算したかったのだ。

しかし、問題があった。1から40までの数字を携帯電話の電卓で足していったことはあるだろうか。時間がかかるだけではない。僕は数字の打ち間違いを何度もしてしまった。明日まで待とうかとも思ったのだが、母屋に明かりがついているのを目にし、ピートならこの問題を解決できるのではないかと考えた。

「ピート、ちょっと助けてほしいんだ。数学の問題で困っててね。きみの得意分野じゃないかと思ったのさ」

ピートは実際に数学の問題が好きだ。「やってみるよ」。その口調は乗り気だった。

「ぜんぜん複雑なことじゃないんだ。1から40までの数字を足すだけさ。エリカと話してて、煙草をやめることになってしまってね。いま1日2箱吸っているのを、1日に1本ずつ減らさないといけない。ちょうど煙草がなくなったから、これから何本の煙草が必要かを正確に計算してから、買いにいきたいんだけど」

僕が話し終えると、瞬時にピートの答えが帰ってきた。「4カートンと1箱買えばいい」

僕はとまどいながら彼を見た。「真面目に答えてくれよ。こんなに短い時間に1から40まで足せる人間なんていないよ。コンピューターでもほとんどできない。煙草を切らしたくはないし、残ってもほしくないんだ」

「真面目に答えてくれだって？」。ピートが腹を立てるのは、自分では正しいと感じているのに、相手に間違っていると思われたときだけである。「言っておくが、僕は1から40まで律儀に足していったわけじゃない。和を計算したんだ」

「いったいどう違うんだ？」

必要な煙草の本数の計算は２９５ページに続く。

「いいかいフレディ、1足す40は41だ。2足す39、3足す38も同じ。そうやって数字のペアをつくっていく。最後のペアは20足す21。合計が41になるペアが、全部で20個あるってわけだ。煙草は1箱に20本入ってるから、必要なのは41箱になる。1カートンは10箱だから、答えは4カートンと1箱だ」

僕は頭の中で整理した。「きみの言うとおりだ。それと頼みがあるんだが、僕の持っている葉巻を処分してもらってもいいかな。ハバナ製だ。あらゆる誘惑のもとを断ち切ったほうがいいと思うんだよ」

「お安いご用だ。いまから電子レンジでピザを温めるけど、食べるかい?」

「やめとくよ。夕食にイタリアンを食べてきたばかりなんだ」

しばらくして、ピートはピザをもぐもぐ食べながら戻ってきた。「そんなに大きく生活を変えようと考えているなんて、ずいぶんエリカに入れ込んでるんだな。もしよかったら教えてほしいんだけど、いまどんな感じなんだ?」

「いい質問だ。女が男の習慣を変えたがるというのが、いい兆候なのか悪い兆候なのか、つかみきれていないんだ」

ピートは最後のひと切れを平らげた。「わかるよ。まあ、うまくいくように願ってろ」。僕は気が変わらないうちに、ゲストハウスに戻って葉巻を取ってきた。それをピートに手渡すとき、何か友人をなくしたような気分になった。

禁煙を達成できるように、アメフトの試合にならって、煙草を減らしていく期間全体を4つに分けることにした。最初の10日「第1クオーター」は、1日に吸う煙草の本数を40本から31本まで減らす。この期間に合計で355本吸うことになる。40足す31は71、以下、39足す32、と続ける。こうしたペアが5組あるから、合計で355本だ。ピートのように計算は得意ではないが、この計算のやり方なら、彼が言うように子どもでもできる。

何らかの禁断症状が出るだろうと思っていたのだが、今回の場合はそうならなかった。たぶん、煙草の本数を減らすことでエリカと過ごせる時間が増えたからではないか。もちろん、それが煙草をやめる理由だったのだが、すぐに効果が現れるのがよかった。ピートもエリカと会ったが、僕ほど彼女に魅力を感じなかったようだ。想像するに、ピートが大好きなピザとビールの危険についてエリカがたっぷり話したせいだろう。あるいは、ピートは完璧な形をした鼻が僕ほど好きではないのかもしれない。

次の10日間にあたる「第2クオーター」では、煙草の本数を30本から21本まで減らす。この期間で吸うのは合計で２５５本だ。本数が減った分、新たな気づきを得る楽しみができた。気づいたことのひとつとして、２５５本というのは３５５本より１００本も少ないということがある。第２クオーターの初日には30本の煙草を吸うが、これは第1クオーターの初日に吸った40本より10本も少ない。第2クオーターの2日目の本数は29本で、これもやはり、第1クオーターの2日目に吸った39本より10本少ない。3日目以降も同じだ。毎日、10日前より10本少ない本数を吸うことになるから、第2クオーターに吸う煙草の合計数は第1クオーターよりも10×10、つまり１００本少ないというのも納得がいく。

煙草が頭の回転を鈍らせるという話を信じるようになってきた。僕の頭の回転も、明らかに速くなっているように感じた。

さらに告白しておくと、気づいたことはほかにもある。ある晩、エリカといっしょに食事をしていると、こんなことを言われた。「フレディ、なんでそんなに時間ばかり気にしているの?」

「ごめん。煙草の本数を減らすのは思っていたより大変でね。吸うスケジュールを決めることにしたんだ。次に煙草が吸えるのは、えっと、14分後だ」

「そうやって本気で禁煙に取り組んでくれているのは、とてもうれしいわ、フレディ。それに、スケジュールを立てるのはとてもいいことよ」。彼女はひと呼吸置いた。「それで思ったんだけれど、食事ももっと健康的なものにしたほうがいいんじゃない。いつもひどいものばかり食べてるから。ハンバーガーなんて、コレステロールのかたまりよ。フィットネスクラブの栄養士に頼んで、あなたの食生活を改善してもらいましょう」

僕は腕時計を見た。あと12分だ。エリカのほうを見た。いまのところ鼻はいつものとおりで問題ない。だが、そのとき初めて気づいたのは、相手が自分の考えに反対していると思ったときに、彼女がときどき顎をこわばらせることだった。つまり、ギリシャ神話に登場する絶世の美女ヘレネのように、最高の状態のときに1000隻の船を動かすような顔の女の子といっしょにいるときは、たとえば930隻しか動かせないような瞬間が訪れる心づもりもしておかなければならないのだ。僕は上の空で、煙草に手を伸ばした。

「フレディ!」もはや金切り声といっていい。「次の煙草までに、あと10分はあるはずじゃない」

僕は上手に切り返した。「きみといっしょにいると、時間があっという間に経ったような気がするんだ」と言うと、煙草をしまって、腕時計を見た。秒針がなかなか進まないような気がして、何ともじれったい。

次の10日間にあたる「第3クオーター」では、煙草を20本から10本に減らす。その頃には、煙草を減らした思わぬ影響をはっきりと感じるようになっていた。食べ物は(禁煙の専門家が言うように)おいしくなるのではなく、まずく感じるようになった。最初にその兆候があったのは、ランチを食べているときだ。ピートが最近見つけたといって、ピコ通り沿いにあるメキシコ料理のレストランに連れていってくれた。そのとき僕が注文したのは、ナチョス（チーズをかけたトルティーヤ・チップス）とチレス・レジェノス（唐辛子の肉詰め）、ビーフ・エンチラーダ（牛肉のトルティーヤ巻き）。ナチョスは問題なかったのだが、チレス・レジェノスのほうは何か変な味がすると声を上げたいような気分になった。すっぱく感じたのだ。僕はまずいものを食べると数日間働く気がしなくなることがあるので、ほかの人の意見を聞いてみることにした。「ピート、ちょっとこのレジェノスを食べてもらってもいいかな？」

ピートは2口か3口食べ、まるでミシュランガイドの調査員がフランス料理の試食をしているかのように、注意深く口を動かした。「ああ、わかるよ。辛さが足りないな」

「すっぱいとは思わないかい？」

「ちょっと味が平板だ」。彼はハラペーニョを少し入れ、タバスコをかけて、もう1度食べてみた。「これでどうかな」

僕は食べてみた。辛さはだいぶ増したのだが、はやりすっぱいことには変わりがない。僕はそう言って、ピートが溶鉱炉のように強靭な胃の持ち主だったことを思い出した。

「なあフレディ、ニコチンは味覚に影響するものなんだ。だから、そう感じるんじゃないかな」。たぶん、彼の言うとおりなんだろう。

もうひとつ気づいたのは、友人も知人も怒りっぽくなったことだ。ピートでさえも、近頃は短気になりつつあるように思える。

僕はまた、エリカへの興味をだんだんなくしつつもあった。奇妙なことだが、彼女が自分のやり方を押しつけようとしてばかりいることに、それまで気づいていなかったのだ。それだけでなく、新たなフレディ・カーマイケルをつくり出そうとする彼女のプランがちょっと行き過ぎではないかとあえて指摘すると、ステファンとかという模範的な人物の名前を出して僕と比較する言葉を聞くようになった。正直言って、僕はすっかり嫌になってしまった。

最後の10日間にあたる「第4クオーター」では、煙草を10本から1本まで減らす。毎日まずやるのは、煙草を吸う間隔の計算だ。その間隔は、不安になるほど日増しに延びていく。ある朝、そのことをピートに告げてみた。

「いったい、何をしたいっていうんだ」と彼は怒った。「煙草の本数を1日10本から9本に減らしたら、喫煙の間隔もそれに応じて長くなるんだぞ。1日の長さが同じだとすると、間隔は今日なら9分の1、つまりおよそ11・1%長くなる。明日なら8分の1、つまり約12・5%だ」

「ほしかったのは同情なんだ。数学の講義じゃなくて」

「彼女はきみのガールフレンドで、僕のじゃない。僕に何か言ってほしいというなら、きみは彼女がいないほうがよっぽど幸せに暮らせるということだ」

これでおわかりだろう？　僕と話すと、誰もが不機嫌になってしまう。

山場が訪れたのは、煙草を3本まで減らした日だ。3回の食事のあとにコーヒーといっしょに吸うことにした。エリカといっしょに夕食を食べ終えると、僕は煙草に火をつけた。と同時に、彼女の目も光った。嫌な女でも目は青い。

「フレディ、まだやめてなかったの？　ステファンは吸わないわよ。太りすぎでもないし。食生活はきちんと守っているの？」。彼女はあらを探すように、僕をじろじろ見た。「あなたの筋肉の張りはもっとよくなる。絶対にもっと運動しないといけないわ」

このときにはもう、すっかりけんかする気になっていた。「エリカ、この数週間、僕は煙草を減らしたし、ハンバーガーの代わりにトーフを食べるようになった。体は健康になったかもしれないけれど、生きる喜びを失ってしまった気がする。人生をどれだけ長く生きるかじゃなくて、どれだけ楽しむかが大事だよ」

僕はあの完璧な形をした鼻をもう一度見た。おそらくこれが最後だろう。そして、紫煙を深く吸い込んで心ゆくまで味わった。この何週間かで、これほど楽しい気分になったことはない。

エリカが僕のほうを見た。これで最後になるのはほぼ間違いない。そして、首を振ると、席を立って去っていった。僕は追いかけたいとはまったく思わなかった。

その晩、一部始終をピートに話した。「だからもう、エリカと僕は恋人どうしじゃない。煙草を吸わないステファンってやつに、エリカは惹かれたんじゃないか。物事はうまくいくとは限らないもんだ」

「そいつの名前はステファン・エリクソンじゃないか。スキーのインストラクターだ」

僕はピートを見た。「なんでそれを知っているんだ、教えてくれ」

「何週間か前の晩、３人で夕食を食べにいっただろう。きみが席を離れたとき、エリカが言ってたんだ。マンモスマウンテンにスキーに行くんだけど、誰かインストラクターを知らないかって。そのとき僕が勧めたのが、ステファンだった」

「何だって、きみだったのか？　そのインストラクターが僕と彼女との仲を引き裂くだろうって、思わなかったのかい？」

ピートは質問で言い返してきた。「ちょっと待ってくれ。さっき、きみは彼女とけんかしたって言ってただろ？」

「確かに言ったけど、自尊心が傷つけられようとしているときには、攻撃が最大の防御なんだ」。僕は椅子にもたれかかって続けた。「これがいちばんよかったんだと思うよ。以前の習慣を再開したとしても、そのほうが健康にいいと思っている。少なくとも精神衛生上は。僕はまだ若いし、それなりに健康だし、肺について心配するのはまだ早い」。僕は深呼吸した。「なあ、あのハバナの葉巻を処分してほしいって、きみに頼まなきゃよかったよ。いま吸ったら、さぞかしうまいに違いない」

ピートは寝室に入っていくと、30秒ほどしてから出てきた。手に持っていたのは、僕の葉巻だ！「処分しなかったんだ。またほしいって言い出すんじゃないかという予感がしてね」

葉巻に火をつけると、よりいっそう心が落ち着いた。エリカといっしょにいるときには、決して得られなかった感覚だ。公平を期すためにいうなら、エリカは葉巻では得られない感覚をもたらしてくれた。それを思い出しながら、イギリスの小説家ラドヤード・キップリングがかつて言った言葉を思い浮かべた。女性は女性にすぎないが、よい葉巻は煙になる。たぶんラドヤード・キップリングもまた、海にはほかの魚もいると考えたのではないか。

第5章 一難去って

ニューヨーク暮らしが長かった僕は、レンタカー会社とかかわったことがほとんどない。正直に言うと、車を運転したことさえほとんどなかった。ニューヨークでどこかに行くときには、タクシーをつかまえるか、バスや地下鉄に乗るのがふつうだった。歩いたってよかった。

しかし、ロサンゼルスでは車なしで生活するのは、ほとんど不可能だ。もちろん、必要に迫られれば車なしでも暮らしていけないことはないのだが、LAはニューヨークよりもはるかに街が広く、車はほぼ生活必需品になっている。社会生活を営みたいなら必須だ。たとえ「社会生活」がどんな意味だとしても。だから僕は最新モデルの中古車を購入した。愛車はとても快調だったのだが、木曜の朝に異変が訪れた。楽しい気分で信号待ちしていたとき、いきなり車に追突されたのだ。体は無事だったのだが、車体が受けた傷は表面だけにとどまらず、後輪の車軸がずれたうえ、車の駆動を担う重要な構成要素の一部が損傷を受けた。少なくともこれが修理工場の機械工が言った言葉だ。車の状態を見た僕も、そう考えるようになった。しかも、キーを回しても、ウンともスンとも言わなかったので、修理工場までレッカー移動せざるをえなかった。修理が終わるまでに数日かかるという。

事故現場が家の近くだったのはよかったのだが、タイミングとしては最悪だった。サンタバーバラ郊外にある、カールとペギーのオハラ夫妻の牧場で週末を過ごさないかと誘われていたのだ。家からは100マイル以上離れている。週末に友人たちが集まる会を開くといって、地図が入った招待状まで印刷してくれた。ふたりが住んでいるのは農村地帯で、案内板が道路の上にきちんと設置されたLAとは違って、道路にはっきりした案内板がないこともあるからだ。農村地帯では、道路脇に茶色い小さな標識があるだけで、しかもそこに書かれた名前は消えかかっていることが多い。GPSが本当にありがたい。ピートには週末に予定がなかったのだが、数日間にわたって彼の車を借りるのは申しわけなかった。だから僕は当然の選択として、自宅から徒歩圏内にあるレンタカー店を見つけた。車の種類もプランもいくつかあったので、週末を通じて軽乗用車を60ドルで借り、1マイル走るごとに15セント課金されるプランを選択した。お金を節約したかったし、それに、車に乗るのは自分だけで、荷物は1泊用のかばんしかなかったからだ。

ロサンゼルスからサンタバーバラまでのカリフォルニアの海岸線は景色がすばらしいと聞いていた。特にチャンネル諸島が絶景だと。だから、金曜の朝早く出て、1日かけて景色を楽しみながら向かうことにした。確かにチャンネル諸島は別格だった。ニューヨークに住んでいるときはジョーンズビーチには行ったが、大西洋に浮かんだ壮観な石のアーチも、アザラシや海藻のケルプの森が見られるビーチも見なかった。時間をとって寄り道してよかったと思っている。

この週末のできごとをあとから振り返ってみると、早めに出発したのは本当に幸運だったことがわだ。

かる。そうするように言ってくれたピートに感謝するしかない。金曜の午後になると、101号線の北向きの交通量は増えて、所要時間は通常90分のところが、その2倍になると、彼が教えてくれたのだ。

とはいえ、午後遅くにオハラ牧場に車で入った時点では、自分がそんなに幸運だとは思っていなかった。むしろその反対だと感じた。前日の木曜の夜に大雨があって、オハラ牧場につながる道路が泥の海のようになっていたのだ。車が何度かぬかるみにはまり、僕はそのたびに車を降りて、車に積んであった非常用の工具と自分の手だけで泥をかき出した。タイヤを脱着するのに使うタイヤレバーで、泥をかき出した経験はあるだろうか？　玄関のベルを押したときには、シャワーを浴びなければならないほど、体が泥だらけになっていた。

玄関口で出迎えてくれたペギーが言う。「今朝はかなり朝早く出たでしょう、フレディ」

「8時頃だね」

「やっぱり。8時半にあなたに電話したときには、もういなかったから。サンタバーバラまで列車で来たほうがいいと、お客さんたちに知らせていたのよ。道がこんな状態だから。カールがもっている頑丈なオフロード車なら、どんな道でも通れるしね。お知らせが間に合わなくて、申しわけなかったわ」

「携帯電話の調子が悪くて、店に預けているんだ。この週末は前世紀の生活に戻ってしまったような状態だよ。でも、ドライブは楽しかったし、大きな被害はなかった。シャワーと着替えができる場所さえあれば」

ペギーは僕を上から下まで見て言った。「カールが次にお客さんを迎えに行くとき、石けんを多めに買ってきてもらおうかしら」。僕はペギーといっしょに笑い、二階にあるすてきなゲストルームに案内してもらった。30分後、身支度を済ませると、1階へ降りてほかのゲストに挨拶をした。

ゲストが到着しつつあったことは、僕が探偵でなくてもわかった。オハラ家のオフロード車は頼りになるのかもしれないが、いますぐ整備が必要な状態にあることは僕でもわかった。1マイル以上離れていても、ときどきエンジンが何かに当たっているような金属音を発するのが聞こえたからだ。もしかしたら車の調子は悪くなかったのかもしれない。都会の喧噪に慣れていると、農村地帯の静けさのなかで耳がよくなったような気もした。

オハラ家がその週末に招待したゲストの顔ぶれは、実に多彩だった。僕が興味深いと思った人から順に挙げていこう。まず最初に挙げたいのが、ペギーの昔からの友人であるアン・ロビンソン。僕たちは似た者どうしだ。僕はリサと別居中で、アンは最近離婚した。どうやら当初、アンは来ないと思われていたようだ。ペギーが招待状を送ったところ、最初アンはカンヌへ数週間行くからと言って参加を辞退していた。結局、カンヌへの出発が数日遅れたので、豪華な衣装とジュエリーを身に着けてやって来た。正直言うと、最初はアンといるのが落ち着かなかった。僕の友人の大半はニューヨーク州北部のいなかで休暇を過ごすような人たちで、バケーションで南仏まで行くような人はほとんどいなかったからだ。だが、しばらくいっしょにいると打ち解けてきた。

マイロン・ウォレスはそれほど僕の性に合うような人物ではないのだが、おもしろい男であることは確かだ。何とかという高尚な雑誌で、食べ物やレストランの批評家をしている。僕は食へのこだわりという点では人並みだが、マイロンにとって食は生き方そのものだ。マイロンがおもしろい男だと感じた理由のひとつは、僕は専門知識が豊富な人の話を聞くのが好きだからだ。僕のような職業では、知識が多ければ多いほどよい。マイロンといっしょに休暇を過ごしたことで、高級料理についての知識がかなり増えただけでなく、ロサンゼルスで彼が素性を隠して訪れた安くてすてきなフランス料理店も教えてもらった。マイロン・ウォレスは身長が１９３センチもあって頭が薄く、やぎひげを生やしていて、こんな特徴ある人物が果たして素性を隠せるのだろうかと思うのだが、たぶんマイロンに似た人物はレストラン客にたくさんいるのだろう。彼のおすすめの店に行くのが楽しみだ。

次は、編集者のスー・フレデリクス。いつもだったら、食の評論家よりも編集者のほうがおもしろいと思うところだ。編集者は作家相手に仕事をするが、食の評論家は食べ物相手だから。しかし、スー・フレデリクスは締め切りを抱えていた。オハラ夫妻が牧場やその周りを数カ所案内してくれたときには、スーも参加していたのだが、家に戻ってくると、スーは原稿の束を抱えてどこかへ消えてしまった。

僕が興味をもった人物のリストで最下位にあるのが、マーティ・アーウィンとシーラ・クックだ。カールとペギーは貿易会社を経営してうまく軌道に乗せていて、マーティはその会社を取りしきるマネージャーで、シーラは購入部門のトップだ。会社はサンタバーバラを拠点としているのだが、マーティは人生のなかで一度もアウトドアに出たことがないような風貌をしている。顔が青白いし、目の下はたるんでいる。大都会ではこうした風貌の人をよく見かけるのだが、サンタバーバラで見るとは思わなかった。シーラのほうはアウトドアで過ごす時間がマーティよりも多いようには見えるものの、明らかにふたりは気の合う仕事仲間だろう。ビジネスに打ち込んでいて、ビジネス以外の会話はほとんどなかった。それはマイロン・ウォレスにも言えることではあるのだが、彼のほうがおもしろいと感じたのは、貿易ビジネスよりも高級料理のほうが興味深いからだ。

週末の集まりは打ち解けた楽しい雰囲気で始まった。土曜の朝、僕たちは8時か9時に起き、カールとペギーが用意してくれた豪勢な朝食に舌鼓を打った。そのあと、ピクニックに持っていくランチをかばんに詰めると、山のほうまでハイキングに行き、夕食前に戻ってきて、いかにも牧場らしいステーキとポテト、サラダのディナーを満喫した。食べ終えると、居間に入ってコーヒーと会話を楽しんだ。山に阻まれて（たとえパラボラアンテナがあったとしても）テレビを受信できないからか、カールとペギーがテレビを信じていないからかはわからないが、家にはテレビがなかった。だから土曜の夜は、ディナーのあとに会話に花を咲かせる昔懐かしい光景が繰り広げられた。真夜中少し前になると、カールとペギーが、シードル（リンゴ酒）を温めたおいしい飲み物を持ってきてくれた。カリフォルニアの山岳地帯では、冷え込みがかなり厳しいこともある。10分か15分すると、疲れがどっと押し寄せてきて、僕は眠ることにした。

僕は基本的に都会育ちで、いなかの空気を吸うと元気が出るという話を常々聞いてきた。たぶん、いなかの生活に慣れてしまえばそうなるのだろうが、日曜の朝に目覚めたときには、ふだん起きるより1時間も遅い午前10時で、しかもまだ眠かった。正直言うと、眠いというよりも頭がふらふらした状態に近かった。ひげを剃って身支度をするのには相当強い意志を要したが、食い気と眠気の戦いでは（僕の場合）いつも食い気が勝つものだ。その両方になるべく早く対処しなければならないということに、僕は気づいた。前日の朝食は9時頃に始まったから、すぐに1階に降りていかなければ、料理の残りがなくなってしまうだろう。

1階に降りてみると、心配は無用だったことがわかった。クリスマス前の夜でもなかったのに、ネズミ1匹さえ見かけなかった。もしかしたらネズミはいたかもしれないが、人間の姿は確実になかった。目覚めたのは僕だけだったようだ。ほかのゲストがひとり、またひとりと降りてくるのは、それから1時間ほど経ってからのことだった。最後に姿を見せたのはオハラ夫妻だったが、にもかかわらず、ふたりはオムレツとベルギーワッフル、カントリーソーセージ、ポップオーバーを用意してくれた。腕のいい料理人は、寝ていても料理がつくれるのだろう。

気だるい気分は山の空気とごちそうの食べ過ぎによるものだと、僕は思った。何気ない会話から、アン以外は全員カリフォルニアの沿岸部に住んでいることがわかった。山の空気は海の空気とは異なる効果を及ぼすに違いない。ほかのゲストもぐっすり眠ったと言っていた。

僕たちはさっき言ったオムレツとワッフル、ソーセージ、ポップオーバーを、朝食ではなくブランチとすることにして、午後のあいだ近くの山へ最後のハイキングに出かけることにした。アンはカリフォルニアの牧場というよりもカンヌにふさわしいいでたちで、ハイキング向けの靴を忘れてきたので、ペギーに歩きやすい靴を借りていた。山からは暗くなる前に戻った。僕は月曜の朝早くに仕事の約束があったので、全員にいとまを告げ、楽しい週末を過ごせたことに対してカールとペギーに感謝して、車でまっすぐ家に帰った。レンタカーは店に乗り捨てて、あとで電子メールで請求書をもらう手はずを整えておいた。とはいえ、水増し請求されないように、走行距離計の数字をきちんと書き留めておいた。車を店に返すと、荷物を入れた小さなスーツケースを降ろし、数ブロック歩いて帰宅した。

家に入ると、留守番電話のメッセージライトが点滅していて、ドアにピートからのメッセージが貼ってあった。「緊急事態。帰宅したら、すぐにこっちに来てくれ！」。留守電を聞くのはあとにして、まず母屋に向かった。

「緊急事態って何だ？」と僕は訊ねた。

「カールとペギーのオハラ夫妻が、2時間前から30分おきに電話してきた。きみの留守電にメッセージを残したって。すぐに折り返し電話がほしいそうだ、いますぐに」

たぶん、僕があまりにもいいゲストだったから、次の週末に予定が入っていないか確認したいのだろう。電話をかけ直すと、すぐにつながった。

それは、控え目に言っても、きわめて興味深い知らせだった。なんと、アン・ロビンソンが合計40万ドル相当の宝石をなくしたらしく、僕も含めてあの家にいた全員に盗難の容疑がかかっているというのだ！　盗難がわかるとすぐ、カールとペギーは警察に通報した。家じゅう、そして全員の所持品をくまなく調べたが、宝石は見つからなかった。あれから家を離れた人物は僕だけだが、僕が運転していた車の特徴が誰もわからなかったので、ハイウェイパトロールが僕を呼び止められなかったうえ、僕は携帯電話を持っていなかったので連絡をとることすらできなかった。留守電のメッセージは数件が不安に駆られたカールとペギーからで、警察からも尋問したいという伝言が1、2件入っていた。

僕は腰を落ち着けて、頭の中で状況を整理した。自分が無実であることはわかっているが、筆頭の容疑者とみられていることもまた明らかだ。犯罪現場から立ち去った人物は、ほかにいないのだ。

犯罪についていえば、探偵稼業は外科医と少し似ている部分がある。外科医は判断が鈍るので、自分の愛する人を手術すべきでないという話を聞いたことがある。確かにいま、僕の判断もかなり鈍っている。だから、ピートの意見を聞いてみることにした。週末に起きたことを30分ほどかけて話すと、ピートは不明点をいくつか訊ね、それがはっきりすると、僕の考えを訊ねてきた。

先ほども言ったとおり、僕の思考は鈍っていた。「ひとつは、アン・ロビンソンが保険金詐欺を働いているという可能性が考えられる。でも、それはまずないだろう。あの場にいた全員が宝石を目にしているし、警察が家と全員の所持品をくまなく探したから。警察は保険金詐欺の可能性を排除しないだろうけれど。それに、アン・ロビンソンは金回りがかなりよさそうだ。莫大な遺産を相続したかなにかしたんだろう。数週間のバケーションに40万ドル相当の宝石を持ってこられるぐらいだから、盗まれても痛くもかゆくもないんじゃないか」

ピートはうなずいた。「話を聞いているときに、いくつか思いついたんだが、日曜日に全員が寝坊して、ほとんど全員がぐっすり眠れたと言っていたのは単なる偶然だったのかな。おかしいと思わなかったかい？」

それに気づかなかった自分が悔しい。「確かにおかしい！　僕たち全員が睡眠薬か何かを飲まされたということかい？」

「それは十分に考えられるんじゃないか。温かいシードルを飲んだあと突然眠気が襲ってきたと、きみは言っていただろう。シードルだったら、薬が入っていてもきっと違和感はない。それに、全員が飲んだと言っていたよね。シードルをつくったのはカールとペギーだが、どうやって注いだんだ?」

僕は記憶を探った。「ふたりがシードルを大きなパンチボウルに入れて持ってきて、暖炉に薪を少し足した。そのあと、全員にカップが配られたんだ。パンチボウルはテーブルに置かれていて、ひとりひとりが自分で注いだ。そうなると、カールとペギーも怪しいということになる」

「そうだな、誰が犯人でもおかしくない」

「ああ、機会と手段は全員にあった。動機がなかったのは、アンだけだ」

ピートはしばらくじっと考えていた。そのあいだ、僕は不安に駆られていた。特に自分の将来に対してだ。そして、何かひらめかないかと願った。

すると突然、ピートが口を開いた。「ひとつ思いついた。宝石はどこにある?」

「僕は持っていない」

「きみを疑っているんじゃなくて、単なる質問さ。きみが持っていないのはわかっているんだが、宝石はどこにある?」

「牧場の家にないのは確かだ。牧場のどこかに隠されているということか?」

「それは考えにくいと思う」とピートは言った。「牧場の周りには何もないから、泥棒がまた戻ってくるなんてことはまずないよ。戻ってきたやつがまず、犯人として疑われるから。宝石はどこか別の場所へ持っていかれたんじゃないだろうか」

「なるほど、それはわかった。だとすれば、どこへ？」

「泥棒が持ち去ったのだろうと思う」

「でも、帰宅したのは僕だけなんだよ！　カールとペギー以外はね。彼らがやったとは思えないし、僕がやっていないことも確かだ」

「じゃあ、泥棒の視点から考えてみようじゃないか。あそこに行き、宝石を目にして、盗もうと考えた。そいつは宝石のことを事前に知りようがない。アンが来ることは誰も知らなかったから。だから、あらかじめ宝石を盗む計画を立てることはできなかった。当然、盗んだ宝石を小包に入れて、自分の家や私書箱に送ることも不可能だ。梱包資材や切手を事前に用意できなかったから。現場に隠しておくこともできなかった。盗難が早めに発覚したら、家じゅう捜索されるし、全員が調べられる。最も安全なのは、盗んだ宝石を車で家まで持ち帰って安全な場所に保管し、みんなが目を覚ます前に牧場に戻ってくることだ。犯人は誰も起きてこないように、どこかから睡眠薬を手に入れて、シードルに入れたのだろう」

そこで突然、彼が何を言おうとしているかがわかった。「たぶん、きみが言いたいのはこういうことじゃないか。レンタカーの領収書を調べる必要がある。そうだろ？」

「ああ」

「メールで送られてきている。デスクトップで見てくるよ。たぶんこの携帯電話だと添付ファイルを正しく開けないから」。5分後、僕は必要な情報を持って戻ってきた。

母屋に着くとピートが言った。「車は牧場に2台しかなかった。きみのと、カールとペギーのだ。

彼らの車はいますぐ整備が必要だと言っていたよね。１マイル以上先からも音が聞こえるって」

「犯人はその車を運転して、誰かを起こすような危険なまねはしないだろう。だから、僕のレンタカーを使ったに違いない」

ピートが紙切れを渡してきた。こう書いてある。

$$C = \$60.00 + \$0.15M$$

代数学の知識があまりない僕でも、それが何を意味しているかはわかった。レンタカー料金Cは、60・00ドルに、運転したマイル数Mと1マイルごとの料金15セントを掛けた数字を加算するということだ。ピートは手早く請求金額から税額を差し引いた。

「レンタカー料金は１２０・30ドル。だから、この方程式を解けばいい」

$$\$120.30 = \$60.00 + \$0.15M$$

「マイルの加算料金は60・30ドル」とピートは続けた。「だから車の走行距離は４０２マイルということになる」

マイルの計算は２９０ページに続く。

「ここから牧場まではおよそ120マイル」と僕は言った。「だから僕が運転したのは、だいたい240マイルだ。そうすると、160マイルの走行距離が不明ということになる」

「泥棒ができるだけ寄り道せずに往復したとすれば、片道は80マイル。そうするとマーティとシーラは除外できそうだ。ふたりともサンタバーバラに住んでいるから。ということは、スーかマイロンということになる」

「いますぐ警察まで行って、話してくる」と僕は言ったところで、言葉を止めた。「乗せてってもらえないか。僕の車はまだ修理中なんだ」

僕たちは疑念を地元の警察に伝えた。耳は傾けてくれたが、それでも町から一歩も外に出ないように釘を刺された。僕への容疑を捨てたくない警察の気持ちは理解できる。その後、僕は不確かな状態に悶々とした数日間を過ごした。しかし水曜日になって、カールとペギーから電話があり、うれしい知らせを受け取った。牧場からおよそ75マイル北にあるマイロン・ウォレスの家を、警察が注意深く見張っているという（そんなところからLAまでレストランをチェックしに行くなんて、たいそう立派なご身分だ）。火曜の夜遅く、マイロンの家を盗品を買いつける地元の悪党が訪れていて、アンの宝石はその悪党が持っていたのだ。盗んだ宝石を横流ししているからといって、彼のレストランのおすすめ情報が信用できないわけでもないだろう。彼が教えてくれたレストランには行ってみるつもりだ。

本当にありがたかったことに、警察は認めるべき情報をきちんと認めてくれた。お礼の電話をくれたアン・ロビンソンは感謝の気持ちでいっぱいで、言葉だけでなく、目に見えるものでもお返しをすると申し出てくれた。相応の料金と経費をすぐに支払ってくれるという。

そこで、相応の料金がいくらぐらいかという問題が浮上した。たいして手間もかかっていないので、料金は3000ドルということで落ち着いた。とはいえ、事件解決までにかかったあらゆる経費を依頼人に払ってもらうのが、これまでは常に得策だった。レンタカー料金の120・30ドルは当然払ってもらうとして、僕の自家用車の修理代を保険でまかなう際の免責金額である250ドルも経費に含めた。結局のところ、僕が事故に遭わなければ、アンは宝石を取り戻せなかったかもしれないのだ。

第6章

死体からのメッセージ

ニューヨークからロサンゼルスへの移住は、うまくいったように感じている。住民の大部分がのんびりしている都市で暮らすのはとても楽しいし、気候は毎日「まずまず」から「すばらしい」のあいだにあって、たいていは「まずまず」よりも「すばらしい」に近い。雪は降らないし、たとえ気温が上がっても、ニューヨークの夏のようにじめじめした暑さにはならない。リサとの別居からはいまだに立ち直っていないが、ロサンゼルスが可能性に満ちた都市であることは明らかだ。問題は可能性を見つけられるかどうかだが。

それに、ピートと僕の関係も明らかにうまくいっている。彼があれほどまでにスポーツにのめり込んでいなければいいのにと思うことはあるが、スポーツは人口の大部分が夢中になっているものではある。ピートはまた、ニューヨークではまず起きないけれどＬＡではよく起きる種類の問題を解く才能があるようだ。とにかく、正式に手を組まないかという提案をすると、ピートはその申し出をふたつ返事で受け入れてくれた。僕たちはそれぞれ相手にない才能をもっているし、どんな難題に直面してもおそらくうまく解決できるだろう。というわけで、僕たちは名刺を印刷して、共同事業者となった。

依頼人になりそうな人を見つける才能がピートにないのは、わかっている。彼は社交が嫌いなわけではないものの、数人の依頼人を見つけるためにたくさんの人に会う必要性をわかっていないのだ。たくさんの人に会うには、たくさんの招待に応じなければならない。僕はパーティーに行くのが好きなので、それは苦にならない。だからいまも、ビバリーヒルズでのパーティーに顔を出しているというわけだ。依頼人を積極的に見つけようとしているわけではないが、チャンスを逃さないよう気をつけていなければならない。

この稼業では、自分が話していてもチャンスはあまりやってこないので、よい聞き手に徹する習慣を身につけなければならない。誰かが自分の人生でのできごとについて延々と語っているときには、少なくとももときどきは耳を傾けようとすることが大切だ。だから、このパーティーで会った裕福な未亡人、アルマ・ステッドマンが悩み事を話していたとき、僕はその話にじっくり耳を傾けた。夫の組織にいる重役のひとりが会社の資金を横領しようとしているらしいとか、息子が素敵な女の子を探さずに女優と遊んでばかりいるとか、ヴェイルからビバリーヒルズの彼女の邸宅に引っ越してきた同じく未亡人の妹が、自分の（アルマの）ボーイフレンドをいつも横取りしようとしてくるとか、そういった悩みごとだ。15分ほど話したあと、僕は名刺を渡し、感じよく微笑んでからその場を離れて、また新たな知り合いづくりに向かった。

翌日、ピートが外出していたので、僕が電話番をしていると、電話が鳴った。受話器を取る。

「レノックス&カーマイケル調査所です」。レノックスを最初に置こうと決めたのは、2音節の名前を3音節の名前の前に置いたほうが、聞こえがいいからだ。「カーマイケル」のアクセントが第1音節にあることも考慮した。

「おはようございます」。相手は緊張気味の女性の声だ。聞き覚えがある。「カーマイケルさんはいらっしゃいますか？」

「私です」。探偵らしく聞こえるように、簡潔に答える。

「ああ、そうでしたか。アルマ・ステッドマンです。きのう、オコーナーでのパーティーでお会いした者ですが」

「ええ、覚えています。どうしたんですか、ステッドマンさん」

彼女はそこで言いよどんだ。探偵と最初に話すときは、誰でも少し緊張するものだ。そして彼女は話し始めた。「お金をとられたみたいなんです」

「こちらへお越しくだされば、直接お話をうかがいますが」

「うちへ来ていただくことはできるかしら？」

「もちろんです。何時頃がよいでしょう？」

「明日の11時でいかがです？」

「いいですよ。その前に、どんな問題かを教えてくださってもかまいませんか？」

「40万ドルぐらいあったんです——すみません、もう行かないと」。電話が切れた。

その日の午後、帰ってきたピートに電話のことを話した。アルマ・ステッドマンとの会話はあまりにも短かったので、会話そのものをピートに聞かせることができた。

「なあ、フレディ」。ピートはすぐに口を開いた。「その電話の会話で、すごくおかしな点がひとつある」

相手が幼稚園を出たばかりの人間なんかじゃないと、彼に伝えておくことは重要だ。「会話の終わり方だろ。事件にかかわったと彼女が疑っている人物が、部屋に入ってきたに違いない」と僕は得意になって言った。

「それだけじゃないよ。彼女は『お金をとられた』とは言わず、『お金をとられたみたい』と言った。たいていの場合、お金をとられたときには、それをはっきり認識しているものだ」

「たぶん本物だと思って買った絵が贋物だったとか、そんな話だろう。贋物の宝石かもしれないし」

「そうかもね」。ピートは半信半疑だ。「だが、なんで電話がそんなに突然切れたんだろう？　まあ、明日わかると思うけど」。彼はテレビセットのほうへ歩いていって、適当に選んだ野球中継を見始めた。

ピートは探偵向きの頭脳をもっているのかもしれないが、心や精神は探偵になるにはいまひとつだ。僕は依頼人が悩みごとについてどんなことを言っていたかを思い返してみた。

まずはジョージ・ウィルソン。彼女の夫ハリー・ステッドマンの右腕で、財務を取りしきる副社長だ。ジョージとハリーはヴァンダービルト大学の同窓生だった。ジョージは生命保険会社で働いていたが、ハリーからストックオプションの話をもちかけられた。ストックオプションという莫大な報酬を目の前にぶら下げられ、ジョージは生命保険会社をやめた。その会社は中西部のどこかにあったと記憶しているのだが、僕はあの地方の州についてはうろ覚えで、州名が出てこない。正直言って、アメリカ合衆国で何かが起きるのはたいてい大都市であり、あの地方が話題にのぼることはあまりないではないか。

次に、一人息子のアル・ステッドマン。彼は取締役か何かの役職に就いていて、ビバリーヒルズやハリウッドによく来る若手女優と遊び回っている。しかも、ヴィッキー・ヴェンタナという女優とは、遊び相手以上の関係になった。彼女はひょこっと現れて、テレビのシリーズに毎回出演する小さな役を得て、理想の男性を見つけ、家庭を築くタイプだ。その理想の男性がアル・ステッドマンだったのだが、ふたりは離婚してしまった。

最後に、アルマ・ステッドマンの妹のグウェン・ターナー。アルマに誘われて、ビバリーヒルズでいっしょに住むようになった。グウェンは、アルマがいま付き合っているヴォーン・エリスに並々ならぬ興味を示している。まだ家を追い出されるまでにはいたっておらず、姉妹の関係は完全に破綻したとまではいかないものの、ぎくしゃくしてはいる。

ピートが興味を示したら、これらの情報をざっと話そうと思っていたのだが、彼は無関心だった。僕は少し腹が立ったものの、いつもほどではない。野球中継ではノーヒットノーランが進行中で、とてもピートをテレビから引き離せる状況ではなかったからだ。5回、6回、7回と無安打が続くあいだ、僕はじっと座っていたが、そのあと部屋を出た。ピートが気づいていたかどうかも怪しいものだ。

明日の11時以降、多少なりとも興味をもってくれたらいいのだが。そこからが大事なんだから。

翌日の午前11時、僕たちは玄関で執事に迎えられ、マダムは私室でお待ちだと告げられた。執事は部屋の前まで案内すると、礼儀正しく去っていった。ドアをノックする。

返事はない。再びノック。まだ応答がなかった。「ステッドマンさん?」。僕の声ならわかるかもしれないと思って、僕が呼びかけてみたが、それでも返事がなかった。

部屋のドアは少し開いていた。「たぶん中に入ってもいいんじゃないかな」とピートが言う。足を踏み入れると、そこは居間だった。優雅な印象派の絵画が飾られ、鎮座する豪華なソファは革張りで、書棚に加えて美しいバーカウンターまであった。しかし、僕たちの目を惹いたのは、部屋の中央に置かれたとびきり大きなマホガニー製のデスクだ。その向こうには、革張りの豪華な椅子がある。その椅子に座って前かがみになり、頭をデスクに載せていたのが、アルマ・ステッドマンだった。殺人捜査の専門家でなくても、彼女が死んでいることはわかる。ピラニアの群れを満足させそうなほど大量の血の海があったし、彼女の頭にできたくぼみからは「鈍器」で殴られたのが一目瞭然だった。

僕は死体をそれほど見慣れているわけではないが、げほっという声がうしろから聞こえてきたことから察するに、ピートは僕よりももっと死体に慣れていないのだろう。彼は目を見開き、口をふさいで、吐こうとしていた。

僕はその場を取りしきった。「何も触るんじゃない!」とぴしゃりと言うと、携帯電話を取り出して、ビバリーヒルズ警察に通報した。通報用のアプリがあるのだ。3分も経たないうちにパトカーが玄関口に到着し、その1分後にはブラッド・ジレット警部補と話していた。

30代後半ながら髪が薄いジレット警部補は、とてもてきぱきと仕事をこなした。無精ひげを生やした風貌を見て、彼の名字と関係が深い製品(カミソリ)を使うべきじゃないかと思った。殺人捜査班は私立探偵のことを根掘り葉掘り詮索してくるという話をよく聞くのだが、そうした話に反して、僕たちが窃盗の相談に応じるために呼ばれたという事情をジレット警部補に納得してもらうのには、それほど苦労しなかった。

それからまもなくして、検死官が到着した。ジレット警部補よりもある程度年上で、おそらく50代前半ぐらい。ひげはきれいに剃ってあった。現場で死体に初めて触れたのは彼だった。殺人犯を除けばの話だが。

「なんだこれ？」と彼は言うと、血まみれになったアルマ・ステッドマンの頭を持ち上げた。気持ち悪い。

アルマ・ステッドマンの頭の下敷きになっていたのは、レターサイズのマニラ封筒だった。そこには「レノックス＆カーマイケル様」とインクで書かれていた。封筒に書かれていたのはそれだけではない。大きな「V」という文字が、真っ赤な血で記されていたのだ。もしこれが報道されたら（最近ではどの事件も報道されるが）、レノックス＆カーマイケルにとってあまりよい宣伝にはならないのではないかと、僕は考えてしまった。とはいえそのあと、殺人捜査にまつわる宣伝ほどよい宣伝もないのだと気づいた。

アルマ・ステッドマンの右の手のひらは血で汚れていたが、指先は人差し指を除いて汚れていなかった。人差し指には血がついていた。この状況を見たら、7歳の子どもでも簡単に推理できるだろう。彼女は指に血をつけてあの最後の文字を書いてから、事切れたのだ。

「この封筒はあとで見ておこう」とジレットはゆったりとした口調で言った。「証拠になるかもしれないから」。そこでピートと僕は手短に相談すると、異議を申し立てた。

「それは僕たち宛てなんです」と僕は強く言った。「証拠になるかどうかは開けてみないとわかりませんし、あなたが開封したときに、僕たちには中身を見る権利があると思うんです。何なら詳しい弁護士に連絡してもいいですけど、そうしたらきっと捜査が遅れることになりますよ。それはいやでしょう」。ルール1——特に自分が損しないときには警察に協力すべきだが、市民には権利があるし、たとえそれがどんな権利か正確に知らなくても、権利を放棄すべきではない。だから弁護士がいるのだ。

それに、封筒は明らかに証拠品になるから、ジレットは間違いなくそれを手放さないだろう。ジレットはためらった末に、僕たちの主張を認めた。彼が封を開けると、中には、「依頼料」と記された僕たち宛ての５０００ドルの小切手と、「アルマ・ステッドマン・トラスト」に関連する銀行の取引明細書が大量に入っていた。そして、走り書きの文字で「アルは年率６％と言っている」と書かれていた。

僕たちは明細書を調べた。２００４年1月1日、アルマ・ステッドマンの口座には２００万ドルが入っていた。小数点の左側にあるゼロの数が、僕の銀行口座よりもはるかに多い。入金と出金の取引も大量にあったが、10年後の２０１４年1月1日には残高が３１９万７３８５ドルになっていた。相当な金額だ。

ジレットは携帯電話に入っているアプリで、なにやら計算した。「６％で10年なら、60％だ。２００万ドルの60％は１２０万ドル。残高は３２０万ドル前後になるはずだから、現状と合っている。なぜきみに連絡したのか、わからないな」。彼はそう言うと明細書をじっと見た。「ここに不審な出金がたくさんあれば別だが」

僕も明細書を調べた。確かに出金の取引が大量にあるが、入金の数も多い。じっくり調べるには時間がかかるだろうが、大きな食い違いが見つかるとは思えなかった。40万ドルもの不一致はありそうにない。

そこで突然、僕はあることに気づいた。そこには毎月決まった取引が10年分記録されている。その記録には、封筒に入っていたメモの走り書きと同じ筆跡でメモが書かれていたのだ。「どうやら不審な出金というのはなさそうだ」と僕は言った。「彼女が毎月の明細を入念に調べたことは、はっきりしているんじゃないか。不審な出金があったらすぐに気づいたはずだ。ちなみに、金利が下がっているこの世の中で年率６％というのは、かなりのもんだな」

ピートは（彼としては）奇妙なほど静かにしていたのだが、そこで突然口を開いた。「たぶん状況がわかったよ」

ジレットと僕は彼を見た。「銀行は利息を支払うとき、単利では計算しない。複利で計算するんだ」とピートが説明した。なんでそれに気づかなかったんだろう。確かにそうだ！「出金と入金の額が同じだとすれば、１年複利の場合、１年目には２００万ドルに対して６％の金利が適用されるから、利息は12万ドルになる。その年の最終日の残高は２１２万ドルだ。翌年は２１２万ドルに対して６％の金利が適用されて、12万７２００ドルの利息を得る。複利というのは預け入れた金額、つまり元金だけでなく、稼いだ利息に対しても金利が適用されるものなんだ」

「そんなに大きな違いが出るものなのか？」とジレットが訊ねた。

複利の計算は２８３ページに続く。

ピートはうなずいた。「６％の単利で10年運用した場合の利益は60％だと、さっき計算したよね。僕のスマートフォンに入っているアプリで計算してみたら、６％の複利で10年運用した場合の利益はおよそ79％になる。もし複利の周期がもっと短ければ、利益はもっと大きくなる。とにかく、両者の差は19％だ。２００万ドルの19％というと……」

「だいたい40万ドル！」と僕は声を上げた。「だから、彼女は40万ドルぐらいのお金をとられたみたいと言っていたんだ。誰がその金の送金を手配していたかを割り出せばいい。僕は絶対、息子のアルだと思う。年率６％と言っていたのはアルだったわけだし。たぶん、単利と複利の利息の差をだまし取ろうと考えたんじゃないかな。それに、現在の景気のなかで６％も利息がつくというのに喜んで、不正に気づかないだろうと、彼は考えたんだ」

ジレットは渋い顔をした。「きみが正しいとしても、Vという字をどう説明するんだ。Vが入った名前の人物で、怪しい人はいるのか？」

ついに、事件の主要人物に関して僕が知っている情報に耳を傾けてくれる人が現れた。しかも、２人もいる。僕は特に「V」という文字を強調しながら、話をした。

「ジョージ・ウィルソンという人物がいる。彼女の夫の会社で財務を取りしきる副社長（vice president）だ。役職にVが入っている」。ジレットがまた渋い顔をした。彼の顔は渋い顔をするようにできているようだ。ピートも反応がない。「彼とアルマの夫はヴァンダービルト（Vanderbilt）大学の同窓生だ」。ふたりとも渋い顔をした。

「彼に動機はあるのか?」

「彼が会社の帳簿をごまかしているんじゃないかと、アルマは考えていたようだ。とにかく、次に検討すべき人物はアルだ」。僕は少し考えた。「そうだ！　彼はヴィッキー・ヴェンタナ（Vicki Ventana）と結婚していた。この名前に聞き覚えはある?」

ジレットはうなずいた。思ったとおり、ピートは無表情だ。ジレットは少し考えてから口を開いた。「ヴィッキー・ヴェンタナがかかわっている可能性はあるのか?」

僕は肩をすくめた。「それはわからない。彼女のアリバイを調べるんだね。とにかく、アルマといっしょに住んでいたのは息子と妹だ」。ジレットはアルマの手帳を調べて、ウィルソンと10時に会う約束をしていたことを見つけ出した。

僕は続けた。「住人の最後のひとりは、アルマ・ステッドマンの妹のグウェン・ターナーだ」

「Vと何の関係があるかというと、彼女はヴェイル（Vail）からこっちへ引っ越してきた」。また渋い顔だ。「彼女は、アルマのボーイフレンドのヴォーン・エリス（Vaughn Ellis）に興味をもっている」。少なくとも渋い顔をやめさせる効果はあった。ふたりとも何か考えているようだ。

ピートはそのあいだ、謎解きは本物の刑事や探偵（ジレットとこの僕）にさせておけばいいとばかりに、沈黙を貫いていた。血で「V」と書かれた封筒をじっと見つめていたのだが、明らかにピートには考えがあった。その証拠に、突然会話に割り込んできた。

う。

前に答えをばらしてしまうことにもなりかねない。これについてはいつか、彼に注意しておこうと思り自己中心的になることを、僕は知っている。それは場合によってはいいことなのだが、金をもらう僕はその表情を見たことがあったが、ジレットは初めてだった。それに、ピートは謎解きではかな「たぶんわかったよ！」とピートは声を上げた。うれしそうな表情だ。

とはいえ、アルマ・ステッドマン殺害の謎を解く情報が金になるのか、僕にはわからなかった。それに、死体の発見者（あるいは発見者たち）は容疑者のリストで自動的にトップに置かれるという話も知っているということを、付け加えておこう。まさにいまジレットが僕たち自身を調べようとしている。それは十分に予想していたことだった。だから、僕はピートにしゃべらせることにした。

「これは、死者が残した手がかりだと思う」とピートが口にした。「アルマ・ステッドマンは殺人犯の名前を書こうとしていたんだ」

ジレットはうんざりした顔を見せた。僕もうんざりした顔をした。「それはいままでずっと検討していたことだ」とジレットが冷たく言い放った。ジレットと僕には共通点がある。ゆっくり話す人はじっくり考えているからそうするのだと、ふたりとも信じていることだ。確かにピートに会う前、僕もそう思っていた。だが、ジレットはピートのことを知らない。僕に投げかけた彼の目つきは、こう言っているかのようだった。おまえの相棒は耳が聞こえているのか？

「それなら、彼女はどうして単に殺人犯の名前を書かなかったんだろう？」とピートが訊ねた。「僕ならそうすると思うけど」

「たぶん殺人犯に見られていると思ったんだ。殺人犯が解読できそうにない手がかりを残そうとしたんじゃないか」と僕は言った。

「そうは思わないな」とジレットが口をはさんだ。「ふつう殺人犯は現場から早く立ち去ろうと考えるものだ。きみから聞いた話からすると、殺人犯は急いでいてドアを閉め忘れたように見える。それに、検死官の話では、ステッドマンさんは頭を殴られてまもなく息絶えているんだ」

「それを聞いて安心した」とピートが言う。「僕の考えとぴったり一致するから」

「考えって何だ?」と僕が言った。

「アルマ・ステッドマンが殺人犯の名前を書いたってこと」

「でも、Vで始まる名前の人物は2人いる」と僕は言った。「彼女のボーイフレンドと義理の娘だった女だけれど、どちらも犯人の可能性は低い。殺された理由は封筒に入っていた情報に関係していると思うんだ。でも、ヴェンタナもエリスも、2004年の時点でステッドマンとの関係はなかった」

「それなら」とピートは言った。「殺人犯がアル・ステッドマンだとすると、アル(Al)のAか、ステッドマン(Steadman)か息子(son)のSを書き始めるんじゃないか。だから、彼は外していいと思う」

「だとしたら、妹のグウェンとジョージ・ウィルソンが残る」とジレットが言った。「でも、どっちだ?」

「アルマ・ステッドマンは自分が致命傷を負ったことがわかっていた」とピートが答えた。「力はそんなに残っていなかった。たぶん彼女は、殺人犯のファーストネームを書こうとしたら、2文字目以降を書けないと気づいたんじゃないかな。グウェン(Gwen)とジョージ(George)の名前はどちらもGで始まるから。だから、殺人犯の名字を書き始めた」

「だが、ターナー（Turner）もウィルソン（Wilson）も、始まりはVじゃない」とジレットが言う。

「ウィルソンのWを書こうとして、途中で息絶えたんだと思う」

ジレットと僕は互いを見やった。「その可能性はある。だが、確かめないといけない」と彼は言った。

事件は24時間も経たないうちに解決した。ジョージ・ウィルソンは彼女の夫の遺言執行者で、失敗しつつある不動産事業――２００８年のリーマン・ショック以降よくあること――を支える資金がどうしても必要だった。そのため彼は、ステッドマンの会社の金を横領していたのだ。アルマはその気配をかぎつけ、ウィルソンに証拠を突きつけた。ウィルソンは何か口実をつくって彼女の背後に回ると、大理石でできた重い灰皿をつかみ、それを使って彼女を殴った。血のついた指紋がドアに付いているのが発見された。

ジレットの話では、僕たちの容疑は晴れたが、依頼料の小切手は事件の捜査が終わるまで保管しておかなければならないという。故人の署名がある小切手は現金化できないのを知っているので、僕はそれに異存はなかったが、５０００ドルにサヨナラするのは本当につらいものだ。

だが数日前、1本の電話があった。かけてきたのはブラッド・ジレットで、すべてが解決したという。アル・ステッドマンが母親の信託基金から40万ドルを盗んだことも判明したが、彼はそれよりはるかに多くの遺産を相続しているので、彼を起訴しようとする人は誰もおらず、とにかくそうする必要もないのだ。

「そういえば」とジレットは話題を変えた。「近日中に、５０００ドルの小切手がそちらに届くことになっている」

思わず受話器を落としそうになった。「誰から？」

「グウェン・ターナー。きみの相棒が推理したことを話して、料金を支払うに値すると伝えたんだ。もちろん、これは口外しないでほしいんだが」

まだ動揺は収まらない。「ご親切にありがとうございます、警部補」

「警部だ。もともと昇進する予定だったのだが、今回の事件を手際よく処理したことが評価されて、昇進が早まった。これは言わなくてもいいかもしれないが、捜査の報告書を提出するとき、きみの相棒の推理を少し使わせてもらったんだ」。彼は言いよどんだ。「もちろん、これも口外しないでもらいたいんだが」

「もちろんです」と僕は請け合った。ピートに話すと、銀行口座に入る５０００ドルと、ビバリーヒルズ警察の警部との友情は口外すべきでないという点で一致した。だから、たとえビバリーヒルズ警察の警部に出くわし、その人物が30代後半で髪が薄く、無精ひげを生やしていたとしても、決して話さないでもらえるとありがたい。

著者より　巻末にあるこの章の付録では金融関連の数学を取り扱っている。自分でローンを組んだりしていなければ、興味は湧かないかもしれない。いまは読みたくなかったとしても、自動車や住宅といった大きな買い物をしたときに役立つので、本書を手近なところに置いておいて損はない。そうした買い物には多額の金がかかわってくるから、その数学的な仕組みについて理解しておけば、自分に最適な取引ができるはずだ。

第7章

動物的な情熱

ピートはがっかりしたように自分の皿を脇にどけた。そこに載っていたのは、近所のベジタリアンレストランで本日のおすすめとされていたトーフサラダの残りだ。僕も同じことをした。

「簡単だとは誰も言ってないだろ、ピート」。店を出ようと立ち上がりながら、僕は言った。「それに、このベジタリアン実験に付き合ってくれとも、誰も言っていない。でも、来てくれてよかったよ。この不幸をいっしょに味わってくれる人がいて」

ピートと僕のような、ふだん赤い肉ばかり食べているような男くさいアメリカ人が野菜専門のレストランで何をやっているのかと、お聞きになりたい読者もいるかもしれない。僕らにはそれぞれ言いわけがある。自然の摂理に反するようなことをするのだから、言いわけがあるに決まっている。自然の摂理というのはつまり、30億年を超える生命の進化の歴史によって雑食動物であるホモ・サピエンスが生まれたという話だ。人類は何でも食べられるし、何でも食べるように自然が僕たちをつくった。だが、物事がいつもうまくいくとは限らない。ピートが動物性たんぱく質を避ける言いわけは、コレステロール値が基準を超えたからというものだ。とはいえ、そもそもこれを始めたのは僕だった。

なぜ僕が肉食をやめようと思ったのか。その言いわけを説明するには、僕の携帯電話に、あるメッセージが残された10日ほど前までさかのぼらなければならない。

「フレディ？　リサだけど。今度ＬＡに行く用事ができてね。そっちに泊まってもいいかな？　電話ちょうだい。会いたいわ。じゃあね」

会いたいわなんて言葉をリサから聞いたのは何カ月ぶりだろう。そらで覚えている数少ない番号をダイヤルした。

「ロー？」。リサは電話に出るといつも「ハロー」の最初の音節が聞こえない。

「やあ、リサ。メッセージ聞いたよ。いつ来るか教えてくれ。予定を空けておくから」

「えっと、再来週の月曜に着いて、その次の週の金曜に帰るんだけど」

僕はすばやく計算した。平日（月曜から金曜）が２週間分と週末が１回で、合計12日。到着日と帰る日は丸１日でないにせよ、これだけの期間があれば関係をかなり修復できるだろう。

僕がいつも感じているリサの魅力のひとつは、21世紀に入って10年以上が経ったこの時代に、彼女が１９６０年代のすがすがしい理想主義を保ち続けていることだ。もし自分にとって価値があるように思えたら、彼女は活動に加わり、先頭に立って行進するだろう。いま彼女が先頭に立って活動しているのは、動物の権利に関する運動だ。その活動家たちがあちこちからロサンゼルスに集まって、全米会議を開くという。その会議のあいだ彼女を自宅に泊めるのは、どんな気分になるだろうか。

お察しかもしれないが、会議が長ければいいと僕は願っていた。電話を切ったあと、何カ月かぶりに心が軽くなったような気がした。

数週間後、僕は空港でリサを出迎えた。彼女にどれほど会いたかったのか、僕はそこでわかった（もしかしたら前から気づいていたのかもしれないが）。青みがかった緑の美しい目を見つめていると、まだ彼女への思いが消えていないことに気づき、これからもずっと消えないだろうと思った。

荷物が出てくるのを待っているとき、彼女からこんなことを言われた。ブレントウッドに戻る前に、いっしょにパーティーに出席してくれないかと。彼女の要望は僕にとっては命令だ。だから、ベルエアーの丘陵地を抜けて、立派な門を構えた邸宅へと向かった。家主は著名な慈善家で、悪徳資本家というイメージを覆そうと残りの人生を慈善事業にささげている人物だ。車の駐車を駐車係に任せ（ロールスロイスやメルセデス以外の車を運転しなければならなくて少し嫌な顔をした）、僕たちはパーティーへと向かった。

会場には食べ物や飲み物がたっぷり用意してあった。通りがかったウェイターのトレーからグラスを2つ奪い取ると、リサの訪問を祝ってふたりで乾杯した。僕は喉が渇いていただけでなく、腹ぺこだった。パテが盛りつけられた大皿に目がいった。動物の権利は食用動物には適用されないのか、それとも、慈善家が細かいことを考えずに地元のケータリング業者にパーティーの手配を頼んだのか。それに、おそらくこの会議は仲間うちだけで話をして済ませるものではないだろう。とにかく、僕は誰かがクラッカーにパテを塗ったとき、パテのほうへ動き出していた。リサは身震いした。

「これ知ってる？」。その澄みきった青緑色の目で僕を見上げながら、彼女は言った。「1ポンド（約

450グラム）のフォアグラをつくるのに、ガチョウを25羽以上も殺さないといけないのよ」

読者はもはやお見通しだろうが、僕はそのパテに向けて手を伸ばそうとしたその瞬間に、セロリスティックに目を向けるべきだという第六感が働いた。とはいえ、すべてに対して第六感が働いたわけではない。僕は思わずこう答えてしまった。「だから、値段がバカ高いんだね」

「フォアグラ用に飼育したガチョウは」とリサが続けた。「狭いところに閉じ込められて、肝臓を肥大させるために無理やり太らされるの。でも、これがひどいと思ったんだったら、子牛肉がどうやって生産されるか知ってる？　考えただけで気分が悪くなるわ」

僕は違った。子牛肉のピカタを想像しただけで、パブロフの犬のようによだれが出てくる。でも、子牛肉のピカタにはそれに合った時と場所があるもので、いまはそうではない。

「ぞっとするね」と僕は同意した。エビ料理が載った大皿がわずかに手の届かない場所を通り過ぎる。僕はそれを物欲しそうに目で追いながら、たぶん海の生き物を食べるのも好ましくないのだろうと判断した。家を出るときに魚の水槽がきれいなのを確認しておいてよかった。「ベジタリアンになってよかったと、こういうときに思えるね」

これはまったくの嘘ではない。スパイスのきかせ具合が絶妙なソーセージの香りが誘うように漂ってくるなか、僕は思った。肉を食べない時期もあったと。とはいえそれは、食事と食事のあいだであることが多いのだが。

優れた探偵のように、僕は手がかりを見つけ、それに従って行動したまでだ。リサは僕の腕をつかみ、青みがかった緑色の目でこちらを見つめた。お互いに波長が合うと思っていたあのよい時代のように、彼女は目を輝かせてこう言った。「なんて偶然なの！　私もよ」

まもなくわかったことだが、リサはベジタリアンになっただけでなく、動物の権利を求めて闘う愛護団体のメンバーにもなっていた。いくらも経たないうちに、僕も活動に加わることになった。

あとから考えてみると、僕は拒むべきだったかもしれない。とはいえ、リサは人を説得させるのがうまいし、少なくとも、彼女が僕を口説き落とすのは簡単だ。彼女と再会してから1時間も経たないうちに、僕はベジタリアンになり、翌日には動物愛護団体に登録されてしまった。

肉食を断ったことをピートに話したとき、強く反対されるかと思っていた。とにかく、これまでの人生で嫌いなチーズバーガーに遭遇したことのない男なのだ。しかし実際の反応は、穏やかで思いやりに満ちたものだった。コレステロール値が高すぎるから、自分もしばらく肉を食べない生活を送ったら健康になるだろうかと、ピートが口にしたのである。僕はそれについて何か言うつもりはない。僕がウサギみたいにアルファルファもやしを食べているそばでピートが分厚いステーキをむさぼっていたら、ベジタリアン生活を考え直すかもしれないからだ。

以上がここまでの経緯だ。銀行口座には十分に蓄えがあるから、リサに全身全霊を注ぐことができる。これはつまり、少なくともリサからすると、僕に動物愛護団体の活動を手伝わせてもいいわけだ。僕はそれで全然かまわない。リサとの関係は予想外にうまくいっている。もしかしたらお互いに少し離れたほうがよかったのか、それとも僕たちの愛は、ニューヨークの凍えるような冬や蒸し暑い夏、神経がすり減る生活よりも、のんびりしたカリフォルニア南部の暖かい気候のほうが、うまくはぐくまれるのかもしれない。

僕は動物愛護の活動家たちのために団体の細々した仕事を手伝うだけでなく、行事のいくつかにも顔を出した。仕事を手伝う見返りとして、僕はその団体のカードを持つ会員になった。団体名をわざわざ覚えようともせず、僕はそのカードを財布に突っ込んだ。僕がカードを持って、リサはますます喜んでいた。

その団体には近々2つの活動予定があった。カリフォルニア州議会で審議されている動物権利法案に対するロビー活動と、真夜中に大学の動物研究所に侵入することだ。僕はリサから、43人のメンバーがどちらに出席したいかを調べてほしいと頼まれた。調べたところ、どちらにも参加できないのが8人、州議会へのロビー活動に参加したいのが33人、そして、動物研究所への夜間侵入に興味を示したのが12人だった。僕はロビー活動に参加すると申し出たが、リサは予想どおりどちらにも参加したいという中心メンバーのひとりであり、夜間侵入にも参加してほしいと僕に言ってきた。そして、同じようにどちらにも参加したいメンバーが何人いるかと訊ねてきたが、正直なところ僕にはわからなかった。今度ピートに会ったら相談してみようと、僕は考えた。

その「今度」が訪れたのは、母屋のキッチンにある冷蔵庫のそばでのことだった。彼は扉を開けて、数ポンド分の牛肉を物欲しそうに眺めている。僕は冷蔵庫の扉をそっと閉め、クアーズビールの缶とポテトチップスの袋を見せて、食べないかと誘った。動物性たんぱく質を渇望する思いはかなえられなくても、彼の食欲がそれなりに満たされたところで、リサの団体で両方の活動に参加したいと思っているメンバーが何人いるだろうかと、ピートに訊いてみた。

彼はしばらく目を閉じた。もしかしたら、ハンバーガー用の肉を見つめていたときに流しそうになった涙をこらえているのかもしれない。そして彼は答えた。「10人」

リサはおそらく根拠のようなものを求めてくるだろうから、どうやってその数字を導き出したのかと、僕はピートに訊ねた。そのとき開いた彼の目は遠くのほうを見つめていた。肉牛の一部、許されるなら丸1頭をバーベキューにして食べたいと渇望する思いがその目に表れていたように、僕には思えた。僕は冷蔵庫の扉を開けさせないようにしていたとまでは言わないが、冷蔵庫とピートのあいだにいた。

僕が何をしているのかわかっていただろうが、まだピートは「どけよ、フレディ。さもないときみもバーベキューにするぞ」と怒る段階にはいたっていない。彼は腰掛けてこう言った。「43人のメンバーのうち8人がどちらの活動にも参加できないか参加したくないんだから、残りは35人だ。ロビー活動と夜間侵入のどちらかに参加する人数を足すと、33足す12で、合計は45人。でも、両方に参加したい人はロビー活動で1回、夜間侵入で1回と、二重にカウントされている。45引く35は10だから、10人が2回カウントされているに違いない。リサは2回カウントされているんじゃないか」

数え方の解説は266ページに続く。

「確かにそうだが、僕も2回カウントされている。両方に参加してほしいって、リサに言われたから」

「フレディ、きみが彼女に惹かれる理由はわかる。でも、彼女はアーティストだ。アーティストっていうのは、よく奇抜なアイデアを思いつくものさ。研究所への侵入によってその研究の恩恵を受けそうな人に不幸な結果がもたらされるかもしれないと、考えたことはあるかい？　それに、こうした行為を禁じる法律もあるよ。具体的なことはわからないけれど、数年前、過激な動物愛護団体のメンバーがＵＣＬＡの研究者の車に放火したとか、そんなことがあった」

「放火をするつもりはないし、研究の恩恵のことは彼女に伝えたよ。結果によって手段が正当化されることはないと、彼女は言っていた。調和を乱したくないから、最終判断は彼女に任せたけれど」

「確かに、望ましい結果と必要な手段のバランスは、哲学的なジレンマとして最も古いもののひとつではある」。話を小難しくしたところで、ピートはキッチンから出ていった。たぶん僕にも出ていってほしいと願っているのだろう。そのあとこっそり戻ってきて、ハンバーガー用の挽き肉をつくろうという魂胆ではないか。あいつのことだから、食べたあと食料雑貨店に行き、また肉を買ってきて冷蔵庫に入れておき、食べていないように装うんじゃないだろうか。

ロビー活動は金曜の午後に、研究室への侵入は金曜の真夜中に予定されていた。前者は何ごともなく進めることができた。ろうそくの灯に照らされたロマンティックなディナーのあと、リサと僕は夜間侵入の準備をした。ディナーの時間はあまりにも楽しくて、約束の時間にもう少しで間に合わないところだった。あとから思うと、間に合わなければよかったと思う。研究所の中に入るのは簡単だったのだが、入った先で遭遇したのは、なんと警察だった！　そのときの僕たちの驚きをわかってもらえるだろうか。侵入の目的をごまかすのは難しかった。僕たちは、研究所から動物を持ち出すためのケージを持参していたからだ。その動物たちを翌朝の記者会見で解放する計画だった。こうして僕たちは、ロサンゼルス市警でほぼ一夜を過ごすことになり、早朝、僕たちは自己誓約にもとづいて釈放された。僕のような現役の探偵にとって、このような事件の記録が残ってしまうのは好ましいことではない。

遅く目覚めると、リサはすでに出かけたあとだった。残された書き置きには、会議の本部に向かうと書いてある。ロビーで彼女に会うと、やる気満々だった。

「ねえフレディ、すごいと思わない?」。夜更かししたにもかかわらず、青みがかった緑の目はいまだに澄んでいた。僕のほうはというと、青緑色でもなければ澄んでもいない。起きているだけで精一杯だ。

僕は寝不足のときは機嫌が悪くなる。5時間しか寝ていなかった僕は、不機嫌を通り越して、完全に腹を立てる一歩手前だった。「何がすごいんだ?」とかみついた。

彼女は返事の代わりに、朝刊のコピーを手渡してきた。ゆうべの一件が都市圏欄の3ページ目に、写真とともに掲載されている。僕にとっては意外ではなかったのだが、リサは本当に写真映りがいい。さいわいにも、記事には僕の写真も名前も出ていなかった。この小さな心づかいに、心の中で感謝した。

「すごいでしょ、フレディ、いい宣伝になったわ。ゆうべの事件のおかげで世間から注目されて、会員の数が38人も増えたのよ。知ってた?」

僕の脳の奥深くで、真っ暗闇の中から無意識のうちに、ひとつの決断が浮かび上がってきた。

「37人だ」と僕は言った。

リサは困惑した表情を見せた。手に持った登録カードを少し数えてから言う。「いいえ、ここに登録カードが38枚ある。この先もっと増えるはずよ」

「そりゃそうだろう。でも、いまこの瞬間の数は37だ」。僕はそう言うと、財布から会員カードを取り出して彼女に渡した。「やめるよ」。こんなにすごい退場のセリフを言える機会はめったにない。

僕は帰宅して、その日のできごとをピートに話した。彼はうなずきながら、気の毒そうに耳を傾けてくれた。

「たぶん、これがいちばんよかったんだよ。きみの判断力を鈍らせるほど、リサの説得がうまかったということさ」

僕もその意見にうなずいた。「いい勉強になったよ。この勉強の中身がはっきりわかるまでには、少し時間がかかりそうだけど」

突然、これまで太陽の光を遮ってきた雲に、ひと筋の黄金の光が見えたような気がした。「そういえばピート、きみのコレステロール値がその後どうなったかわかっているのかい？」

「相当下がったよ。たぶんきみのもそうだ」

「肉汁したたるおいしいステーキを、夕食に食べるっていうのはどうだい？」

「前菜にチーズバーガーを食べたら最高だな。ちょっと店に行って買ってくる」

「ついでに、朝食用のベーコンも頼む。それとソーセージもだ。それか、いろんな肉を50ポンドぐらい買ってきてくれてもいいけど」

ピートは車のキーをつかむと、いそいそと出ていった。この何日かで、これほどうれしそうな彼の表情は見たことがない。しばらくして彼が帰ってきて、その買い物の成果をいっしょになって冷蔵庫に入れていると、ふとある疑問が僕の頭をよぎった。僕は少し考えてから、その疑問を口に出してみた。

「ちょっと変なことを思いついたんだけど、ピート」

「なんだい？」

「リサの動物愛護団体にスパイが忍び込んでいたとは考えにくい。どうみても、あの夜の結果に不満だったのは僕だけだし、僕は警察に垂れ込んだりはしなかった。にもかかわらず、研究所に着いたときにはポリ公が勢ぞろいだ。密告があったに違いない」

ピートが笑みを浮かべた。「完璧な推理だな、フレディ。きみたちが研究所に侵入すると、僕が警察に言ったんだ」

僕は開いた口がふさがらなかった。「なんだって？　僕はウェストＬＡ警察署でほぼ一夜を過ごしたんだぜ。それがわかっていて、やったのか？」

ピートはうなずいた。「そのリスクを冒すべきだと思ったんだ。侵入がうまくいったあとにきみたちが捕まったら、はるかに厳しい刑罰を受けただろう。それに、動物愛護団体の目標はすばらしいかもしれないが、それを達成するための手段は疑問だと、僕には感じるね。最近成立した法律では、合法的な実験を妨害する行為は重罪になるんだ。留置場に入っても別によかったとは言わないでくれ」

彼の言っていることは正論だろうが、少しは反論すべきだと思った。

「事前にひと言言ってくれてもよかったじゃないか、ピート。チーズバーガー抜きの食生活をしていて、思考力に影響が出たんだろ」

「何を食べても思考力には影響しない」。ピートは気分を害したようだ。「まず、僕はきみの決断にあれこれ言う立場にないと思っている［いつからだ？］。それに、もしきみに話したら、逆効果になっただろう。きみがリサに話したりすれば、事態はかえって悪くなったんじゃないか」

少し気持ちが落ち着いてきたので、ピートの思っていることがわかってきた。「きみが正しいと思う。僕は彼女の魅力にとりつかれていたんだ。まあ、いまでもそれは変わらない。警察で夜を過ごした一件で、考え方は少し変わったけれど」。僕はもう少し考えをめぐらした。「ところでピート、僕が将来、肉食をやめるとか無謀なことをさせられそうになっても、お願いだから僕に付き合わないでくれ。僕にリスクを背負わせようとするとき、きみはおそれ知らずになるから」

100点満点で点をつけると、今回のリサの訪問はだいたい87点だ。僕はこのことを、彼女がニューヨーク行きの飛行機に搭乗する直前に伝えた。ピートが介入したことを知ったら、おそらく彼女のほうの採点は一気に低くなるだろうが、それは言わなかった。彼女は笑った。

「私たちが結婚していたときの一時期よりも、はるかに高い点数だわ」

「まだ結婚している。きみが離婚手続きを始めない限りはね」

「それはまだやっていない。本当は……」。彼女はそこで言葉を止めた。心理学者じゃなくても、彼女が何を考えているのかがわかる。彼女は僕をしっかりと抱きしめると（彼女のハグはいつもしっかりしている）、やさしく僕に口づけし、また連絡してと言い残して飛行機に乗った。

マッチョな私立探偵なら、ここで空港のバーに立ち寄って一杯引っかけ、過去を振り返ることなく立ち去るだろう。だが僕は違う。飛行機が見えなくなるまで手を振り続けたのだった。

第8章 カラスと大穴

「それと粒餌《つぶえ》を忘れないでくれ！」。スーパーマーケットへ出かける僕に、ピートは大声で言った。これで3回も言われたから、僕は絶対に粒餌を買い忘れたりはしないだろう。ピートの大学時代の旧友であるライル・カーソンが、あと数時間でうちにやってくる予定だ。ピートの友人のなかにはちょっと変わった人もいるのだが、それでも粒餌を食べる人はいない。粒餌は、ライルのペットのカラス「スイートリップス」が食べるものだ。

数時間後、ライルは最新モデルのポルシェに乗って現れた。背がひょろ長く、20代後半の気取り屋の男だ。仕事で儲けているに違いない。ライルは鳥が大好きなプロのポーカープレイヤーで、ポーカーの道に進まなければ、おそらく獣医になっていただろう。あるいは鳥類学者か。

ライルがこの街に来た理由は2つある。ひとつは、毎年ラスベガスで開催されるポーカーの世界大会「ワールドシリーズ・オブ・ポーカー」（ＷＳＯＰ）の準備をするため。この大会ではたくさんのイベントが開かれるが、最大のイベントには参加費として１００万ドルが必要になる。ライルはこれには参加できないが、参加費が1万ドルのイベントならば手が届く。優勝者が１００万ドルを超える賞金を独り占めするイベントだ。

ライルは南部出身で、なかでも南部色の濃い「ディープサウス」の都市の大半でプレイしてきたほか、船上に設けられた「リバーボート・カジノ」での対戦経験も豊富だろう。一時期、南部はポーカーの中心地だったのだが、ポーカーの一種「テキサス・ホールデム」のテレビ放映やＷＳＯＰが行われるようになると、中心地はラスベガスへと移っていった。とはいえ、ＬＡのカジノでもホールデムが行われていて、優れたプレイヤーも多いことから、ライルはラスベガスに乗り込む前に腕を磨きたいと考えていた。なぜ直接ラスベガスに行かないのかと訊ねると、ラスベガスに行くとあまりにも神経が張りつめてＷＳＯＰで絶対に生き残れないからだという。それに、ちょっとした問題について僕たちからアドバイスをもらいたいとも考えていた。

といっても、ライルはゲームの進め方はよく知っているから、ポーカーについて助言をもらいに来たわけではない。3人でリビングに座っているとき、ライルが差し出したのはある会報のコピーだった。自分に渡されたコピーを見てみると、会報は8ページほどで、「コンピューターを使った競馬予想システムの概要」とある。

ざっと見てみてわかったのは、会報の筆者たちが金儲けのアイデアを思いついたということだ。どうやら彼らは数多くのコンピューター競馬予想サービスを利用してみて、各サービスの個々の予想やさまざまな統計指標をまとめたらしい。予想が当たった割合、儲けや損失の割合、大穴を当てる力量などの観点から、それらのサービスがランク付けされている。

渡されたコピーを見ていたピートが、ライルのほうを向いた。「まだ競馬をやっていたのか。少しは腕を上げたかい？」

ライルは顔をしかめ、「残念ながら」と言って、ひと呼吸置いてから続けた。「どのプロのギャンブラーにも弱点があると言われている。スポーツ・ベッティングをやって、ドラッグに手を染め、人生を台無しにするやつもいるが、僕の弱点は馬だ」

ドライブウェイに停めてある最新モデルのポルシェを見て、僕は言った。「まずまず稼いでいるように見えるんだけれど」

ライルはうなずいた。「でも、もっと稼げるはずだ。競馬で儲けられればな。あるいは、五分五分でもいいんだが。チャンスはあると思っている」

ピートは眉をひそめ、会報の一覧を見ながら言った。「このブルックリン競馬予想システムを使ってか？」。僕はコピーの一覧を見て、ブルックリンのフラットブッシュ地区にいる連中がいまのところ最高位にランクされているのを確認した。

この章に登場する用語については、322ページの「スポーツ・ベッティングの概要」を参照。

ライルは首を振った。「いいや、ランキングはよく変わるんだ。彼らがトップにいるのは、アケダクト競馬場で大穴を数回当てたからだ。俺がこのところ少し気になっている会報を3つ見せよう」

ライルが見せてくれた最初の会報は、上質な紙に印刷されていた。その冒頭には、コンピューター競馬予想の革新的な技術への参加者としてライル・カーソン氏（本文にコンピューター処理で自動的に個人の名前が挿入されている）が選ばれたと書かれている。そのあとに「ニューラルネットワーク」や「大規模な並列処理」といった言葉が続く。僕にはさっぱりわからなかったので、そこは飛ばして、次の段落に目を移した。

次の段落の内容は簡単だった。7月22日のベルモントパーク競馬場の第3レースで「セカンドオピニオン」という馬が勝つと予想されている。

どうやらピートも会報のその部分を読んでいたようで、こう言った。「セカンドオピニオンが負けたんだったら僕のアドバイスなんて求めないだろうから、勝ったに違いないね」

「圧勝だったよ」とライルが認めた。「重馬場で4馬身の差をつけた。だが、この馬は名馬で、6頭1組のレースで2・5倍（1ドル賭けて当たった場合2・5ドル払い戻される）の本命だった。だから、たいして気にしていなかった。2通目の会報が届くまではな」

僕たちは2通目の会報に目を通した。セカンドオピニオンの勝利を自画自賛する文章に続き、7月30日のベルモントパーク競馬場の第5レースで「リスキービジネス」という、いかにもリスクが高そうな馬に賭けるように勧めている。あとでライルの訪問を分析してみた僕は、リスキービジネスには賭けるべきでないと当然ながら気づいたのではあるが。

ライルはビールを取りにキッチンへ行った。彼は20代後半ではあるが、バーに行けば身分証の提示を求められるだろう。戻ってきた彼は、リスキービジネスは8頭が出走する良馬場でのレースで数馬身の差をつけて1着でゴールしたと言った。彼は直感で100ドルをブックメーカー（胴元）を通して賭けた。リスキービジネスのオッズは6倍だったので、ライルの儲けは500ドルだった計算だ。

「それで、次の会報が来るのが楽しみになった。確かに、本命と6倍の当たりだけで今年の予想屋ナンバーワンと認めるわけにはいかないが、でも、たくさん来るジャンクメールのほとんどは負け馬ばかりを勧めてくるんだ。とにかく、そろそろ強引な売り込みが来るんじゃないかと予想したんだが、3通目の会報も似たようなものだった。カリフォルニア北部の競馬場でやってる賞金が少ないレースを選んできたことが少し意外だったんだけど、俺は乗ってみた。儲けた金で遊んでいるだけだからな。５００ドルを『ゴールデン・デスティニー』という馬に賭けてみた。たいして期待していなかったのだが、10頭が出走したレースでゴールデン・デスティニーは先頭でゴールした。これで儲けは1万ドルになったよ。20倍の大穴だったんだ！」

ピートが口笛を吹いた。「ライル、1万ドルも勝ったのか。僕が何の役に立つって言うんだ？　また彼らがいい情報を送ってきたら、儲けで遊べばいいじゃないか。金を要求されたら、自腹を切るんじゃないぞ」

ライルは脚を伸ばし、大きな耳をかいた。「ああピート、おまえとはかなりポーカーをやったから、そう言われると思ったよ。おまえは絶対に自腹を切ろうとしなかったからな。俺もそれはしないが、何か妙案があれば別だ」

すると彼は4通目の会報と、ソフトウェア開発の協力を求める趣意書を差し出した。会報のほうには、過去3回の予想的中を総括したうえで、このソフトウェアを開発したプログラマーとＡＩ（人工知能）スペシャリストがシステムの強化を計画していると書かれている。ベンチャーキャピタルを利用して会社を設立しようとしているのだ。投資額の単位は10万ドルになるというから、オーナーの数は少なくなるだろう。初期資本の何パーセントかを開発に回し、何パーセントかを賭けに注ぎ込む計画だ。その会社は賭けで得た利益を使って株式や商品取引、為替投機のソフトウェアを開発し、5年で株式を上場できるようにしたいという。趣意書には、コンピューターや生体工学といった多様な分野の出資者に対する過去の報奨について書かれている。

ピートは数分間、趣意書と会報をじっくり調べると、僕のほうを向いた。「これはきみの得意分野だ、フレディ。どう思う？」

僕は少し考えてみた。「うまくいく可能性はなくはない。もちろん、彼らの言っていることの大半はふつうの人にはわからない専門的な話だが、もし何か考えがあったとしても、切り札は明かさないだろう。似たような趣意書はたくさん見てきた。ほとんどが失敗するんだが、そもそもベンチャーのほとんどは失敗するものだ。とはいえ、誰かにアップルやジェネンテックの趣意書を渡されたとしても、僕は同じようなコメントをするだろう。確かなのは、彼らが3打数3安打の成績を収めたということだ」

ライルは僕の話を頭の中で整理すると、それを飲み込むように、ビールをぐいっと飲んだ。「ピートはどう思う？」

ピートはしばらく間を置いてから、ようやく口を開いた。「フレディの言うことにも一理ある。でも、僕は昔からよくある『中華料理店の原理』を使った詐欺の巧妙な手口でしかないように思うな。1万ドルはポケットにしまって、これきりにするんだな」

明らかにライルは、ピートがそう言うと思っていなかったようだ。顔に落胆の表情がはっきりと表れている。ポーカーフェイスになるのはポーカーのときだけなのかもしれない。「どうしてそう思うんだ、ピート」

ピートは会報を指で軽く叩いた。「確証はないんだが、僕はこう考えている。この会報は部数が50万部以上もある。最初のレースでは6頭、2番目では8頭、3番目では10頭が出走した。ということは、3つのレースの勝者の組み合わせは6×8×10、つまり480通りあるということだ」

ライルはピートの話についていけてないようだ。「どうやってその数字を出したんだ？」

ピートは少し考えてから言った。「2重勝〈注1〉のようなものさ。最初のレースに出走した6頭と、2番目のレースに出走した8頭をそれぞれ組み合わせると、2重勝の馬券は6×8、つまり48通りできる。その48通りの2重勝馬券を、3番目のレースに出走する10頭に対して全通り買うんだ。〈注2〉そうすると48×10で480通りになる」

ピートが選んだ説明の仕方は、明らかにライルにとってわかりやすかったようだ。ライルはこう言った。「おまえが言いたいことがわかった気がする。彼らはあらゆる組み合わせの会報を用意して手あたりしだいに送りまくったんだ。50万部も送ったら、3つのレースを全部当てる人は1000人以上出てくる。そのなかで大穴が1つ入っていれば、余計に信憑性が増すんだ」

ピートがうなずいた。「あのベンチャーキャピタルの話を仕立てたのはみごとだ。昔だったら、勝ち馬を教えた見返りに分担金を出せって言ってくるだけだったただろう」

「金を持って逃げることにしようかな。それか、ワールドシリーズの参加費に使うか。料金といえば、きみへの礼はどうしようか。おかげで大金を失わずにすんだから」

ピートは激しく首を振った。「正式な仕事だったら、たっぷり謝礼をもらうかもしれないが、きみは古くからの友だちだしな。礼はいらないよ」

僕たちの商売のタネである助言をピートが無料で提供することに、僕はあまりいい思いがしなかった。だが、これは彼の助言と友人にかかわる話だ。

「そうはいかないぜ、ピート」。ライルはいいやつだ！　謝礼が手に入る望みはまだある。難しい顔をして考えていたライルが、ぱっと明るい顔をした。「これならどうだ？　もし俺がワールドシリーズで優勝したら、賞金１００万ドルの10％を渡す。１００万ドル勝ちとったら、たった10万ドルなんて別に惜しいと思わないだろうし」。きみにとっては「たった」かもしれないが、ライル、僕にとってはそうじゃない。10万ドルの半分は5万ドルだ。僕なら受け入れられる。ピートも5万ドルには反対しないと思う。

だから、僕らはライル・カーソンという人物に投資する数少ない「株主」といってもいい。彼が去る前にポーカーフェイスを続けるコツについて話しておかないといけない。

ライルは数日間、予行演習としてＬＡのカジノに入り浸ることが多かった。その間、僕たちに任されたのはスイートリップスの世話だ。ある晩、ライルがポーカーをしにガーディーナまで出かけて、ピートが世話番だったときのことだった。ピートがスイートリップスの籠の入り口を開けたとき、電話が鳴った。一瞬、気をそらしたのが命取りだ。スイートリップスは籠から出ると、開いていた窓から外へ出ていった。あっという間のできごとだった。

ピートは強烈な言葉をいくつか口にしたが、それはここには印刷できない。「ライルに殺される！

スイートリップスは彼にとって幸運のカラスなんだ！」

その言葉に僕はとまどった。「幸運のカラス？」

「ライルは迷信深い。ギャンブラーにはそういうやつが多いんだ。スイートリップスを飼い始めてから、あいつはかなり長いこと連勝を続けている」。ピートは急いで庭に出た。庭でいちばん高い松の木の枝で、スイートリップスは自由を満喫していた。ピートはスイートリップスに向けて、手に持った粒餌を必死になって振ったのだが、スイートリップスのほうはといえば、それを軽蔑するように見ているだけだった。

ワールドシリーズでライルがこてんぱんにやられている姿が、僕たちの脳裏によぎった。予想どおりというか、わかりきった解決策を最初に口にしたのはピートだった。「フレディ、代わりのカラスを用意しなくちゃ！」

当然だ。それ以外に何がある？ 10軒ほどのペットショップを当たったが、カラスは売っていなかった。インターネットでも探したが、インコやカナリア、カッコウを売っている店は見つかったものの、カラスを売っている店は見つからなかった。

事態は絶望的になりつつあった。目の前の世界が真っ黒く（逃げた鳥を考えると、ふさわしい色だ）なりつつあったそのとき、僕はひらめいた。映画の配役を担当している知り合いの女性が、映画撮影に使う鳥を扱っている人物について話していたのを思い出したのだ。彼女に20ドルを握らせて、その人物の名前と電話番号を聞き出した。ウェストコビーナにいるその鳥の調教師は、購入可能なカラスを3羽持っているという。ピートの車に乗って45分ほどかっ飛ばし、いよいよカラスを買おうかという直前までいった。

ピートは僕を見た。「フレディ、スイートリップスと過ごした時間はきみのほうが長い。この3羽のなかで、どれがいちばん似ているだろう？」。ピートはオスかメスかは気にしていないようだ。中ぐらいの大きさのカラスなら、だいたいどのカラスも同じに見える。「どれにしようかな、神様のいうとおり」と唱えて選ぶケースだろう。僕は真ん中にいたカラスを選んだ。

調教師に向かって訊ねた。「いくらですか？」

「それは750ドルだ」

「手中の1羽はやぶの中の2羽に値する」と言った人物は、現在の相場に疎かったに違いない。「カラスなんてそこらじゅうにいるのに、なんでそんなに高いんです？」

「捕まえるのが難しいんだよ」。まあそうだろう。「それに、映画で必要なときには、1日200ドルで貸しているんだ」

僕はピートのほうを向いた。「会社のクレジットカードを使うよ。たぶん経費として落とせるから」

さいわいにも、僕たちはライルが戻ってくるずいぶん前に、スイートリップス2世を連れて帰宅できた。ライルは偽装工作にすっかりだまされたようで、幸運のカラスがいないことにまったく気づかないまま、数日後、スイートリップス2世を従えてラスベガスへと旅立った。

僕たちは家にいながらにして、ワールドシリーズ・オブ・ポーカーを最前列で観戦できることがわかった。例年のごとく、スポーツ専門チャンネルのESPNがすべての対戦を生中継してくれるからだ。10万ドルかそれ以上の報酬を手にする可能性があるとあって、僕たちはテレビ画面に釘づけになった。少なくとも僕はそうで、2日にわたって眠らずにテレビ中継を見てしまった。アマチュアが次々に脱落し、なんと決勝のテーブルにはライルの姿があった！

僕がばかみたいに疲れ目を抱える一方で、ピートのほうは賢明にも予選のあいだ睡眠をとっていた。だから、彼は4人が勝ち残った時点で元気いっぱいの状態だった。僕が眠れなかったのだから、ライルはどれほどの重圧を抱えていたのだろうか。彼は意識がもうろうとしているように見えたが、目の前に80万ドル分以上のチップを積んで、4日目の対戦を始めた。

ハリウッド映画ならば、クライマックスの勝負にいたるまでにいくつものドラマが繰り広げられただろう。だが、この対戦は違った。ライルは限界に達したのか、それとも疲れ果ててしまったのか、あるいは単に運が悪かったのか。とにかく、チップはだんだん減り始めた。5時間後、25万ドルほど残っていたチップをすべて投入した。ピートは3対1で優勢と踏んでいたのだが、残念ながら、ライルは運が尽きた。最後の札で、対戦者がフラッシュを成立させたのに対し、ライルはクイーンのスリーカードだった。ライルは疲れきった笑顔を見せて、アーノルド・シュワルツェネッガーが映画『ターミネーター』で言った有名なセリフ（アイル・ビー・バック）をつぶやくと、立ち去った。たぶんスイートリップス2世を新しい幸運のカラスに換えにいったのだろう。

僕は悪態をついた。ピートは床をじっと見つめていたが、ゆっくりと顔を上げた。心の葛藤と闘っていたのは明らかだ。そして、僕がピートと知り合ってから数えるほどしか聞いたことがない、抑制された不合理な言葉を口にした。僕のほうを向いた彼は、こう吐き捨てた。「フレディ、なんで違うカラスを選ばなかったんだ？」

ピートは大型トラックが通れそうなほど大きな間を置いた。そして、僕には大型トラックがある。僕は運転席に乗り込み、アクセルを踏み込んで突進した。「そもそも、いったい誰がスイートリップスを逃がしたと思っているんだ？」

僕はピートを信じなければならない。憎しみは表に出やすいし、いったん表に出たらそう簡単に撤回できない。彼はそのことに気づいてくれたようだ。ピートは弱々しく微笑んで言った。「ライルが決勝に残れたのは、きみが選んだカラスのおかげかもしれない。ライルがそれを台無しにしたんだ」

僕も怒りをおさめた。「5万ドルを手に入れられずに、経費で落とせるかどうかもよくわからないカラスを750ドルで買ったのは惜しいことをした。おまけに、20ドルも袖の下を払ったのに。僕らの手元にあるのは、半ポンド分残った粒餌だけだ」

すると突然、ピートの表情が変わった。それは空腹のときか、いいことを思いついたときに見せる顔だ。すぐにキッチンへ向かわない場合には、アイデアを思いついたということだ。1分ほど間を置いたあと、ピートは僕のほうを向いて言った。「フレディ、僕らは大ばか者どうしだ。ここから金を稼げる方法があるかもしれない。灯台もと暗しで、いままで見えていなかったよ。僕たちに必要なのは、電話を数本かけることだけだ」

読者のみなさんは、もしかしたらおわかりかもしれない。そうだとしたら敬意を表する。でも言っておきたいのは、みなさんは代わりのカラスを探してもいないし、ワールドシリーズ・オブ・ポーカーをテレビで観戦して寝不足になっているわけでもないということだ。ひじ掛け椅子に座ってくつろいでいるほうが、はるかに気づきやすい。

ピートは受話器を上げると、勝ち馬を予想した会報の発信元になっている出版社に電話した。思ったとおり、彼らはその会報についてまったく知らなかった。宛先リストが保存されたコンピューターにアクセスできる発送部門の職員と、会報を封筒に入れる作業ができる出荷部門の職員が考え出した詐欺だったのだ。

数週間後、その出版社から感謝の手紙が届いた。こうした詐欺は会報の信用を著しく損ないかねないものだと書かれている。同封されていたのは感謝のしるし、5000ドルの小切手だ。10万ドルではなかったが、そもそも10万ドルを手にするのは相当な大穴を当てるのと同じだと気づいた。

粒餌はまだ残っているが、僕たちはそれを記念にとっておくつもりはない。もしブレントウッドの家に立ち寄る機会があったら、ドアベルを鳴らして、粒餌をほしいと言ってくれればいい。その場で差し上げる。

〈注1〉「2重勝」は、競馬で最初の2レースに勝つ馬に賭けるものだ。第1レースで勝つ馬と、第2レースで勝つ馬を予想して賭け、どちらの馬も勝ったときだけ払戻金が得られる。

〈注2〉「全通り買う」とは、競馬で特定の馬とほかの馬とのあらゆる組み合わせに賭けるということだ。たとえば、アレクサンダー・ザ・グレートが勝つと確信している場合、アレクサンダー・ザ・グレートと、第2レースに出走するあらゆる馬との2重勝の馬券を買うという方法が考えられる。実際にアレクサンダー・ザ・グレートが勝ち、第2レースで大穴が勝った場合、この方法で巨額の利益を手にすることができるのだ。

第9章 連勝

リサから連絡が来なくなってしばらく経つ。ボイスメールを2、3回残しておいたのだが、返事は来ない。だから、僕の機嫌はそれほどよくない。

ほかの人がどうなのかはわからないが、人間関係など、人生のある側面で物事がうまくいかないとき、僕は人生のほかの側面でいいことがないか探して、悪いことを打ち消すようにしている。でも現時点で、そうした明るい側面を見つけていない。

心理学では「置き換え」という言葉を聞く。誰かに対して苛立っていて、どういうわけか、その苛立ちをその人物に対してぶつけられないとき、人は苛立ちをぶつけるほかの人物を探すものだ。だから、僕の話を聞いたあなたは、僕がピートに当たり散らす権利なんてないと感じるだろう。しかし、置き換えられた苛立ちをぶつける人物としては彼が最も身近にいるわけだし、自分には苛立ちを彼にぶつける正当な理由があると、僕自身は思っている。リサから連絡がないことを埋め合わせるために、仕事の面で明るい進展を見つけたいと思っていたのだが、このあと明らかになる理由によって、見つけることはできなかった。だから、毎月の家賃の小切手を書きながら、僕は苛立ちを置き換えたい気持ち以上の感情を抱いていた。日頃の恨みを一気に晴らさんばかりの勢いだった。

いや、別に家賃を上げられたわけではない。問題はキャッシュフローに関するものだ。お金が間借人（僕）から家主（ピート）へ流れるのは自然ではあるのだが、これによって間借人にマイナスのキャッシュフローが発生する。「マイナスのキャッシュフロー」とは投資の業界用語でお金を失うという意味だ。僕はお金を失うといつも本当に気分が悪くなる。

いま僕のプラスのキャッシュフローの主な源泉となっているのは、ピートといっしょにしている仕事なのだが、いまのところ、彼は案件を片っ端から断って、僕を（金銭的に）困らせ続けている。僕じゃなくても、恨みを晴らしたい気分になるんじゃないだろうか。

フットボールのシーズンになると、ピートのようにスポーツ・ベッティングの経験が豊富な熟練者でさえも熱狂的なマニアになってしまう。これはいったい何だろうか。野球シーズンのあいだは、ブックメーカーに頼むか、ラスベガスに行きさえすれば、毎日賭けられる。以前ならインターネットでブックメーカーを簡単に見つけられたのだが、政府の取り締まりが厳しくなったうえ、オンラインポーカーまで排除されるようになった。しかし、フットボールは国民的なスポーツといっていい。フットボールのシーズンは野球シーズンが終わる前に始まるから、フットボールは週末に追加で賭けをできる機会としか考えない人もいるだろう。まあ、そうかもしれないが、筋金入りのスポーツジャンキーはそうは考えない。

フットボールのシーズンに入ると、史上類を見ない筋金入りのスポーツジャンキーであるピートは、まるで植物のようになってしまう。ときどき冷蔵庫、トイレ、寝室に行く以外は、根を生やしたようにテレビの前から動かない。僕はこんな行動には慣れっこだし、ピートをテレビから引き離すのも僕の仕事の一部ではあるのだが、ピートを動かそうと思ったらダイナマイトが必要になるだろう。彼はいま連勝中で絶好調だからだ。

それが僕の怒りの源だ。僕のキャッシュフローはマイナスで、彼のフローはプラス。それはフロー（流れ）どころの話ではない。はっきり言って激流だ。家賃支払いの小切手を書いたり、案件を断られたり、前の日曜日のプロリーグに賭けて大儲けしたとピートにうれしそうに言われたりしていれば、おとなしくしているのは無理というものだ。

だから、ついさっき営業用の番号に電話がかかってきたのは、僕の祈りが通じたのだ。その電話の前、僕は案件を引き受けるようにピートを仕向ける方法を考えていたのだが、まったく思いつかなかった。さっき受けた電話の内容をでっち上げる想像力が僕にあったとしても、もうすぐわかるように、僕はそれを演じきることはできなかっただろう。

リビングに入っていくと、ピートは大画面の高精細テレビの前でカウチに寝転がっていた。入ってきた僕を見上げて言う。「カナリアをのみ込んだばかりの猫のような顔をしているな、フレディ。どうした？」

「たぶんきみへの電話だ」。口元に差し出されたトルティーヤチップスの袋を押しのけながら、僕は答えた。「遠慮しとくよ。ブックメーカーとはうまくやっているかい？」

ピートは目の前にあった紙を何枚か調べた。「前の火曜日までの情報しかないが、今週末は彼を除外するつもりだ。なんでそんなこと聞く？」

「きみのブックメーカーはビクター・マーチの下にいるだろう？」

「ああ、マーチはウェストサイドで個人のブックメーカーを取りまとめているんだ。ただ最近は筋が悪くなった」。ピートはまたトルティーヤチップスを何枚かぽりぽり食べると、クアーズビールで流し込んだ。「それで、なんでそんなことを聞くんだ？」

「ビクター・マーチが今晩会いたいと言ってきたからだ。フットボールのシーズン中はきみが仕事を引き受けたくないのはわかるが、とにかく僕は依頼に応じた。断れば、きみは取引を停止されるかもしれない。そうしたら、代わりはいるのか？」

ピートはリビングをじっと見つめた。「彼が来る前に、ここを片づけないといけないな。ぐちゃぐちゃだ」

僕は声を荒らげた。「ビクター・マーチはこっちに来るんじゃない。迎えをよこすんだ。今晩8時に、運転手が僕たちを迎えにくる」

ピートはまだ仕事を引き受けたくないようだ。「今晩は試合を観たいんだよ。ＵＣＬＡがアリゾナ州立大に6点を超える点差で勝つのに賭けているから」。その言葉に、僕の苛立ちはいっそう強くなった。

「デジタルビデオレコーダーで録画しておけばいいじゃないか。そのためにあるんだろう？」

「生で観るのとは違うんだよ」とピートはきっぱり言った。「それに、録画することにした試合の結果を言いふらすやつが、世間にはいるんだ。特に、大金を賭けているときにはね」

「じゃあ、こう考えたらどうだい。早めに帰ってきたら、試合の録画を早送りして観られるし、うざったいコマーシャルも飛ばせる。遅く帰ってきたら、日曜の朝に朝食を食べながら、退屈な試合前の解説をすっ飛ばして試合を早送りで観られる。それに、マーチが何かおもしろくて金になりそうな話をもっている可能性は常にある。それを逃す手はないぞ」

僕の説得力が増したのか、それとも、ピートが自分のブックメーカーに実際に会ってみたいと思っただけなのかわからないが、僕たちは8時過ぎには、ビバリーヒルズにあるビクター・マーチのエレガントなクラブ「ハイローラーズ」のオフィスにいた。マーチ自身はいささか期待外れで、主要なブックメーカーを取りしきる有名なナイトクラブ所有者というよりも、花屋の店員のような風貌だ。飲み物を勧められ、ピートと僕はそれに応じた。友好的な雰囲気をつくり出そうと、彼は簡単な前置きを口にしたあと、すぐに本題に入った。

「きみたち2人は変わった問題を解決できるという評判を聞いてね」と彼は切り出した。「きみたちが興味をもちそうな問題があるんだが」。僕たちが興味を示すと（少なくとも僕は――ピートは興味が表に出ないような顔をしている）、マーチは続けた。「1万ドルを失ったんだ。だまし取られたんだと私は確信しているんだが、どうやって取られたかはさっぱりわからない。はした金とはいえ、金を取られたという噂が広まったら、私の世間体が悪くなる。私自身にとっても、私のビジネスにとってもよくない。そして、もし私が真相を解明したら、ディステファノにとってまずいことになる」。突然、マーチが僕の近所の（誰の近所でもいいんだが）花屋の店員よりもはるかに意地悪な表情を見せた。その場から友好的な雰囲気が一気に消えた。

仕事の話をしているとき、僕の任務は気を抜かないことだというのがお互いの了解事項になっている。ピートの任務は会話を進めることだ。僕は気を抜かないようにしていた。ピートはかれこれ1時間半もアメフトのボールを目にしておらず、禁断症状に陥っていたのかもしれないが、それでも自分の仕事を忘れず、マーチにこう訊いた。「ダニー・ディステファノのことですか？」

僕はまだ気を抜かないようにしてはいたが、最初にマーチからの電話を受けたときよりも案件への興味がはるかに小さくなっていた。ダニー・ディステファノとビクター・マーチはおそらく、ウェストサイドでスポーツ・ベッティングの4分の3にかかわっている。しかし、マーチがその利益を合法的な事業（と僕は聞いている）に使う一方で、ダニー・ディステファノはドラッグに手を染めているといわれている。ディステファノはまた、ビクター・マーチよりも借金の取り立てが暴力的であるとの噂もあり、その取り立て班は強力で、機嫌を損ねたくないような集団だという。ダニー・ディステファノとビクター・マーチの応酬に巻き込まれる場面を想像して、歯が震えそうになるのを抑えなければならなかった。

ピートはそんな不幸な結末を気にも留めていないようだ。ここ最近連勝しているとはいえ、1万ドルをはした金だとマーチが言ったことに感銘を受けているのではないだろうか。彼は飲み物を飲み干すと、金がどうやってだまし取られたのかと、マーチに訊ねた。

「ある晩、メルローズにあるクラブでディステファノに偶然会ったんだ。それで、酒を2、3杯飲んで、クラブに次に入ってくる客が男か女かを賭け始めた」。マーチはそこでいったん話を止めたが、僕もピートもその話には特に驚かなかった。筋金入りのギャンブラーは、窓をすべり落ちる雨粒のどれが最初に下まで落ちるかということまで賭けるといわれている。

静寂だけが続く短い時間のあと、マーチは続けた。「何回か賭けたあと、あいつはおもしろい提案をしてきた。ディステファノは、自分が会ったことのない人物の性別を当てることに対して、11対10のオッズを提示してきたんだ！」

ピートが眉をひそめた。「僕もその賭けに乗りたい気分になりそうですよ。彼がその人物に会ったことがないというのは確かなんですか？　賭けの不正操作としてよくありそうですよね」

マーチは煙草を吸ってから言った。「問題はそこなんだよ。あいつはその人物の性別を知りようがなかったと断言できる。なぜなら、賭けの対象になる人物を選んだのは私なんだ！」

ピートを驚かせるのは並大抵のことではないが、マーチは何とかそれをやってのけた。「ということは、あなたは人物の性別を知っていながら負けたんですか？」とピートが訊ねた。

「それはまるっきり違う」。マーチが言い返した。「こういうことだ。私がランダムに選んだ人物のきょうだいの性別を当てようと、あいつは言ってきたんだ。議論の余地をなくすために、男か女のきょうだいが1人しかいない人物だけを選ぶことにした。きょうだいが男か女の確率は同じはずだと私は思い込んでいたから、五分五分の条件に対して11対10のオッズが設定されていると考えた。当然ながら私は賭けに乗ったんだが、1万ドルも負けてしまったというわけさ。金をだまし取られるのは気分が悪い。相手がディステファノみたいなくずなら、なおさらだ。5000ドルつぎ込んでも、あいつがどうやったのかを解明したい」

ピートが立ち上がった。「非常に興味深い問題です、ミスター・マーチ。ひと晩考えさせてください。

朝になったら、こちらのカーマイケルが電話でお答えしますから」

帰宅するとすぐ、ピートは録画したUCLA対アリゾナ州立大の試合を観始めた。僕は頭にきた。

「5000ドルがかかっているんだぞ、ピート。依頼人へのこの先の信用にかかわるし、それにミスター・マーチは影響力があって、危険をはらんだ人物だ。すぐに仕事に取りかかるべきじゃないか」

ピートは試合開始のキックオフを観ていたが、コマーシャルになると返事をしてきた。「心配するな、ピート。金はもらったも同然だ」

なぜ彼がこれほど楽観的なのか、さっぱりわからない。「誰にも話を聞いていないし、現場にも行っていない。5000ドルは手に入れたと、なんでそんなに真面目な顔して言えるんだ？」

冒頭で伝えたように、ピートにはいらいらさせられることがある。しかし、何かを説明するときには、彼はとても明快だ。

「いいかフレディ、こういうことだ。きょうだいの性別を当てる対象の人物にきょうだいが1人しかいない場合、2人の子どもの組み合わせは順序も考えると四つある。男と男、男と女、女と男、女と女だ。それぞれの組み合わせになる確率は同じだ」

僕はしばらく考えてから言った。「ああピート、それはわかる。でも、どうして違いが出るのかがわからない」

ピートは少し間を置いた。「たとえば、マーチが男性に対してきょうだいの性別を訊ねたとする。男性に尋ねているから、2人の子どもは女と女であることはありえない。すると、残った可能性は三つ、男と男、男と女、女と男だ。3つのうち2つで、その男性のきょうだいは女になる。僕の分析が正しければ、ディステファノはきょうだいの性別は対象の人物の性別と反対だと考えたんだよ。明日マーチに電話したとき、それを確認できたら問題は解決だ」

子どもが2人の家族に関する確率の説明は254ページに続く。

僕は頭の中で整理した。「みごとだ。五分五分の問題に対して11対10のオッズを提示したのではなく、ディステファノは2対1の問題に対して11対10のオッズを設定したということか」

ピートがうなずいた。「マーチがしこたま負けたわけさ。彼が10ドルを3回賭けた場合、きょうだいの性別が想定どおりだとすると、11ドルを1回受け取る一方で、10ドルを2回支払うことになる。30ドルの投資で9ドル損する計算だ。30%の損失さ。ベガスのほうがよっぽどいいオッズだよ」

僕はあきれたように首を振った。「マーチには絶対に約束を守ってほしいね。たいした仕事をしていないのに、5000ドルもらえるなんて」

ピートがくすくす笑った。「マーチはきっと約束を守ってくれるさ。彼の金を取り戻せると言ったらなおさらだよ。利子をつけてね」

「何だって?」

「聞いただろ、フレディ。明日、朝一番でマーチに電話してくれ。あ、あと、僕が起きてからにしてほしい」

その夜、ピートが何を考えているのかまったくわからず、よく眠れなかった。僕がマーチに連絡すると、ピートが電話の子機をとって、会話を引き継いだ。彼はまず、ディステファノがきょうだいの性別を対象の人物とは反対の性別に常に賭けていていたか、マーチに訊ねた。

マーチは少し考えてから言った。「ああ、確かにそうだ。どうしてそれを知りたいんだ?」

ピートが自分の考えを説明すると、マーチは悪態をついた。

「そういうことだったのか。報酬を払うよ、ミスター・レノックス。だが、これが知られたら、私は町中で嘲笑の的になってしまうな」

ピートは絶妙なタイミングで切り出した。「お金を取り戻せるとしたら、いくら出せますか、ミスター・マーチ?」

マーチは直接的な答えを避けた。「できると思うかね? だったら、そっちから金額を提示してみてくれ」

「あなたが勝った金額の半分。もし負けたら、僕たちが損失を埋め合わせますよ」

僕は受話器を落としそうになった。「おい、正気かよ?」と僕は口だけを動かしてピートに伝えた。いったん妙案を思いついたときのピートは、力づくでないと止められない。僕が力づくで止めないのは、彼の妙案がプラスのキャッシュフローを生み出してくれるという揺るぎない実績があるからだ。それに、そもそもピートは僕よりも大柄だから、鈍器で頭を殴る以外に、腕力をふるって止める方法は思い浮かばない。

とにかく、いまやピートは突っ走ってしまった。「そうです、ミスター・マーチ。損失を埋め合わせると保証します、5000ドルまででしたら」。よかった、僕の言葉も少しは効果があったということだ。「その代わり、僕の指示にきっちりと従ってください」

マーチは有利な取引を聞けばわかる。「その指示がどういうものか教えてくれ、ミスター・レノックス」

「あなたのクラブの近くに、ビバリーチャタム・ホテルがありますね」

マーチはとまどったような様子だ。「ああ、同じブロックの先にある」

「でしたら、こうしてください。ディステファノに、今晩ハイローラーズで食事しようと誘い、また同じ賭けをして金を取り戻したいと言うんです。彼はきっと乗ってくるはずです」

マーチが声を荒らげた。「乗ってくるにきまっている。だが、前のようには負けないと、どうしてわかるんだ？」

「こうすればいいんです。食事が終わったあと、何か口実をつくってビバリーチャタム・ホテルのバーに彼といっしょに入り、このあいだの晩と同じ賭けをしてください。ただし今回は、賭けの対象をバーにいる人から選びます。何があっても、その場を離れてはいけません。指示に従っているかを確認するために、ミスター・カーマイケルが同席しますから」

ピートのように一風変わった人間と仕事するときには、ある程度自由にさせないといけない。ピートは帽子からウサギを出す手品みたいな印象を与えるのが好きで、計画がうまくいったあとに自分の考えの根拠を説明する。変わり者だけあって、ピートはマーチとディステファノの同伴者として僕を送り出し、自分は日曜夜のＮＦＬの試合をテレビで観戦して、たとえ眼精疲労になろうともフットボールのトリプルヘッダーを完遂させようというのだ。彼にまだ目玉があるのが不思議なくらいだ。

僕は何か指示があるのか彼に尋ねた。

「とにかく僕らがどれだけ勝ったのかを記録して、儲けをごまかされないようにしてくれ」。彼のような自信が、僕にあればよいのだが。

夕食の席は非常におもしろい体験だった。ハイローラーズの料理や飲み物はすばらしい。マーチとディステファノはそれぞれ相手をたぶらかそうという魂胆をもっていて、ふたりが繰り広げる演技を見ているのはためになる体験でもあり、あとで思い返すとさらに多くのことが学べるのだった。

食事のあと、カロリーを消費するために少し散歩しましょうかと、僕が僭越にも提案すると、そのとき運命が僕たちの味方をしてくれた。日中はすばらしい秋の日だったのだが、夜になり、僕たちがビバリーチャタム・ホテルの前を通り過ぎようとしたそのときに、天気が急変したのだ。そうなると当然ながら雨宿りしましょうという話になる。入るところはただひとつ、ビバリーチャタム・ホテルのすてきなバーだ。まもなく、手に汗握る賭けの時間が始まった。

翌朝、ピートは遅く起きてきた。彼はいつもだいたい1日9時間か10時間寝るので、朝寝坊なのは織り込み済みだ。ようやく目を覚ましたピートは、リビングにのんびり入ってくると、ゆうべの最終的な結果を訊ねてきた。

僕は嬉々として、昨日の成果を差し出した。マーチがくれた5000ドルの小切手、そして1万3000ドルの現金だ！　ピートはだいたい予想どおりだとばかりに、うなずくだけだった。予想どおりだったのかもしれないが、僕にはその根拠がわからなかった。自分で根拠を見つけようとして頭がおかしくなる前に、説明がほしかった。

「あの場にいるべきだったね、ピート。ゆうべは6回賭けてだいたい5回は勝っていた。ディステファノは卒倒しそうだったよ！　いったいきみは、どうやったんだ？」

ピートはにやりと笑った。「とても単純な話さ。僕はほとんど何もやっていないんだが、数日前に新聞を読んでいたとき、国際一卵性双生児協会が今週、年次会合を開くという記事を見たんだ。会議のほとんどがビバリーチャタム・ホテルで開かれるってね。きみも知ってるだろうが、一卵性双生児はまったく同じDNA配列をもっている。性別もその配列によって決定されるから、双子どうしは同じ性別になるに違いない」

数日間の仕事で9000ドルを自分のポケットに入れてくれた男に腹を立て続けるのは難しい。「容赦と忘却」が僕のモットーだ。とはいえ、僕はすべて許したとピートに言うつもりはない。そもそも人のことなんて気にしないやつだから、僕が腹を立てていたことにさえ気づいていないかもしれないのだ。

キャッシュフローには、ほかにもプラスの進展が現れていた。といっても、僕に関する限りの話ではあるが。あらゆる連勝がそうであるように、ピートの連勝も途絶えるときがやってきた。ちょうど彼が賭け金を上げた頃だった。月曜の夜に83ヤードのランと残り40秒でのファンブルリカバーで逆転負けを喫したあとでもまだ、彼には儲けが残っていた。こうしたできごとが起きると、ピートはプラスのキャッシュフローがいかに不確かかつ望ましいものかを思い出す。何か仕事になりそうな話はないのかとさえ訊ねてくるのだ。

言うまでもなく、僕はその言葉を聞いて元気が出た。そして、気持ちが落ち込んだピートをほぼ確実に励ませそうな方法を思いついた。翌朝、僕は電話を1本かけ、ピートが十分に目を覚ますまで待ってから、行動を起こした。

「今晩、ダブルデートするってのはどうだい、ピート？　いい気晴らしになるんじゃないか」

「うーん、きみは誰を連れてくるんだい？」

「アーリーン・ハリバートン」

「知らないな。新しいガールフレンドかい？」

「彼女とは関係構築中といったところだ。とにかく、彼女はかわいくて、姉だか妹だかにきみを紹介したがっている。きみのことを話したら、好きなタイプかもしれないってね」

ピートは口をすぼめた。「女の子っていうのは、彼氏を見つけられない友だちの相手を世話したがるもんだよ、フレディ。僕が彼女を気に入るって、どうしてわかる？　その人に会ったことがあるのかい？」

「まだないんだが、がっかりするとは思わないよ。遺伝と環境の両方がそうだと言っているから」

ピートがとまどったような表情を見せた。「遺伝と環境？」

「アーリーンには、ビバリーチャタム・ホテルのバーで会ったんだ」

〈注〉　ルーペをたどって254ページを見ると、驚きが待っている。

第10章 ある長いシーズン

僕は耳を疑った。ピートはフットボールとバスケットボールの賭けで負けを重ねて、1週間ものあいだかなり落ち込んでいた。まあ、これがリスクを冒すことの本質ではある。連勝のあとにはたいてい連敗が続くもので、それはウォール街の投資家にも起こることだ。

「いま何て言った、ピート？」

「聞いただろ、フレディ。サンタモニカのギャンブラーズ・アノニマス（ギャンブル依存症の人々が助け合う組織）で次の火曜日に会合があるんだ。どんなものか試しに行ってみる。競馬新聞やチームの歴史の研究に費やした膨大な時間を考えると、その努力を建設的なことに使っていたとしたら、何かを成し遂げていたかもしれない」。ピートはとぼとぼ歩いて母屋に戻っていった。4分の3は落胆だっただろうが、4分の1は決意が入っていたのだろう。

正直言って、僕は不安になった。人は生活スタイルをひとつ大きく変えると、そのうちほかの生活スタイルも変えてくるものだ。もしピートがロサンゼルス以外の土地で仕事に就こうと考えたらどうなるか？　住むところと仕事仲間の両方を失うかもしれない。僕は不安を和らげるために、ピートと「ものぐさ」という言葉の結びつきは決して弱くはなく、切っても切れないものだと考えた。

状況が変わらない日々を数日間過ごしたあと、電話が鳴った。僕は相手の話を聞き終えると、ピートを探した。彼はリビングでカウチに横たわって、一般人が参加するバラエティ番組を観ていた。バラエティ番組！　ピートはバラエティ番組なんてこれまで観たことがない。とにかく何か手を打たなければ。

「依頼人が来るよ、ピート。僕の会計士のアンジェラが推薦してくれたんだ。起きてくれ」

少なくとも僕は、ピートをうつ伏せの状態から動かすことはできた。彼は起き上がって言った。「いつ？」

「だいたい30分後だ。きみがひげを剃ってちゃんとした服に着替えているあいだに、僕はリビングをきれいにしておくよ」。僕は仕事を依頼してくれそうな人との面会に関してはまだ、ニューヨーク風の考え方をもっている。

30分後、ピートも家も見栄えがよくなった。そしてもうひとつよかったのは、相談に来てくれたジュリー・ライデッキが家に入ってくるなり、ピートがしゃんとしたことだ。たぶんフットボールやバスケットボールの試合以外にも生きがいがあることに気づいたのかもしれない。僕たちがコーヒーを勧め、彼女がそれに応じると、本題に入った。

ピートはここ何週間か見なかったような、にこやかな表情を見せた。「それで相談というのはどういったものですか、ジュリー？」。依頼人に対して最初は「ミズ・ライデッキ」と呼ぶべきだということを彼が忘れたとは思えない。僕が思うに、なるべく早くファーストネームで呼べる関係を築きたいと思っているんじゃないだろうか。ジュリーは気にしていないようだ。

僕はアンジェラから概要を聞いていたので依頼の内容を知っているが、ピートは知らない。ひげを剃って、シャワーを浴びて着替えるのにかなり時間がかかって、説明する時間がなかったからだ。だから「『高慢と情熱』をご覧になったことがありますか?」とジュリーが訊ねてきたとき、ピートは少しとまどった。

彼は首を振った。「僕は連続ドラマをあまり観ないんです」

「私は、はまってるんです」とジュリーが言った。「4年前に放映が始まってから、1本も欠かさず観ています。実際、ここに来た理由もそれなんです」

ピートはいっそうとまどった。しかし、彼が僕から学んだことのひとつは、とまどいを依頼人に絶対に見せてはならないということだ。「最初から話してもらったほうがいいかもしれませんね、ジュリー」

ジュリーは革の椅子でくつろいだ姿勢になった。「1年近く前、番組のスポンサーをしているシルクテックス・シャンプーが、番組についてのエッセイを募集するプロモーションを始めたんです。優勝すると賞金2万ドルと、将来のエピソードで小さな役をもらえるんです。かいつまんでいうと、私は優勝したんです!」

「ワオ、おめでとうございます!」。僕たちは声をそろえた。2万ドルはかなりの大金だし、もしかしたらその一部が僕たちに入ってくるようにも思えた。

ジュリーはコーヒーをもう一口飲んだ。「ありがとうございます。とてもわくわくしました、番組に出演するなんて。収録は実際の放映より何カ月も前に行われるんですが、ときどきシーンを撮り直すこともあるんです。私は秘密保持契約書にサインさせられて、シーズンの最終回まで内容をばらさないようにいわれました。私が出演するのがその回で、来週放映されます」

「もちろん、私はとても小さい役なんですが、それでも観たくてたまりません。観たくてたまらない、もうひとつの理由があるんです」

「理由というのは?」。ピートと僕が、ほとんど口をそろえて訊いた。

「数週間前、広告業界の誰かがシルクテックスにこんな企画を持ち込んだのです。デビー・セントクレアが誰と結婚するか予想してほしいと、私に言ってきました。予想が当たったら、私は10万ドルもらえます」

「デビー・セントクレアって誰ですか?」。このとき僕たちが口をそろえることはなく、ピートだけが口を開いた。僕は『P&P』(ブログでは番組がこう呼ばれている)を見たことがあったので、少なくともデビー・セントクレアが誰かは知っていた。

「デビー・セントクレアは番組の主人公です。かれこれ1年以上、彼女は3人の男性に言い寄られてきました。シーズンの最終回で彼女が結婚相手を選ぶというのは周知の事実なんです。最終回は何カ月か前に収録されているので、出演俳優の何人かは結末を知っていますが、彼らも秘密を守るようにいわれています」

「1人目はジャドソン・ワイアット。ラジオ局やテレビ局の系列のオーナーで、金持ちの有力者です。２人目はベネット・エリソン。ロマンチストで影がある人物で、デビーの父親の弱みを握っている。それが具体的に何かは明かされていないんですが、どうやらデビーの父親には人に知られたくない過去があるようです。番組の舞台になっているカリフォルニア州のマディソンに来る前、父親は名前を変えていたらしく、エリソンはその情報を手に入れたんです」

ジュリーはひと息ついてから続けた。「３人目はラルフ・ローウェル。彼はデビーが通っている大学の教官です。彼はデビーに惚れ込んでいて、デビーは本当は彼のことが好きなのだと思うんです。でも、デビーがラルフと結婚することに決めれば、大学の理事をしているジャドソン・ワイアットがローウェルを解雇しようとするでしょうし、エリソンはデビーの父親について知っていることを洗いざらいしゃべるでしょう」

ピートは首を振った。「力になりたいんですが、ジュリー、これは僕の得意分野ではありませんね。僕に言えるのは、彼女が誰を好きになるかに理屈なんてないんです。それぞれの男性が選ばれる可能性は同じです。当てずっぽうで答えるしかないですね」

ジュリーがカップを差し出したので、僕はもう一杯入れた。「私もそう思ったんです。だから、勘で答えました。私は彼女がジャドソン・ワイアットと結婚すると思いました。でも、まるっきり直感というわけでもないんです。大ヒットした連続ドラマのふたつ『ダラス』と『ダイナスティ』では、金持ちの有力者との結婚が描かれていますし。だから、ワイアットに賭けようと考えました。結局連続ドラマって、それまでのヒット作と同じような話にしようとするじゃないですか」

「とても賢明な判断ですね」とピートは言った。「でも、僕らはどう力になれるんでしょう？」

ジュリーはコーヒーを飲み干した。「その話をしましょう。デビーの結婚相手は今度の火曜の番組で明らかになります。でも、これだけはわかっているんです。彼女はベネット・エリソンとは結婚しません」

「これも直感ですか？」

「いいえ、高速道路で多重衝突事故が起きたんです。先週のエピソードで、ベネット・エリソンがその事故に巻き込まれて、モンテレーの病院に昏睡状態で運び込まれました。死ぬかもしれないし、意識不明のまま変わらないかもしれない。いずれにしても、先週デビーはエリソンと結婚するつもりはないと言ったんです」

「ということは、ワイアットかローウェルかの選択ですね。あなたにもまだ可能性がある」

ジュリーはうなずいた。「ここに、そのスポンサーの企画が絡んでくるんです。こんな話をもちかけられました。番組が残り15分くらいになったときに入るコマーシャルで、私に生電話がかかってくるんです。そこで５０００ドル払えば、私は考えを変えて、デビーがローウェルと結婚するほうに選択を変えられるんですが、お金を払わないで、ワイアットのままにしてもかまいません。最後の15分で、私の勝ち負けがはっきりするというわけです」

ジュリーは椅子にもたれかかって続けた。「想像できると思いますが、知り合いはいろんなアドバイスをくれました。確率は五分五分で、どちらに賭けても同じだから、５０００ドルなんか払わないで、ワイアットのままにしておけという人もいます。その一方で、いろいろな理由を並べて、変えるべきだという人もいます。とにかく、アンジェラの考えでは、あなたなら私がどうすべきかという根拠を教えてくれるんじゃないかっていうことだったので」

ピートは目を閉じて、しばらく考えていた。そして目を開けると、こう言った。「ジュリー、僕はあなたがどうすべきか、そして、その理由を教えられます。でも、料金をどのようにもらうかが少し悩ましいですね。こういうやり方はどうでしょう。僕たちの料金は5000ドルになりますが、それはあなたが僕たちのアドバイスに従って10万ドルを獲得したらの話です。アドバイスに従わないか、あるいは10万ドルを獲得できなかったら、料金はいりません。これでいかがですか？」

ジュリーは彼を見た。「5000ドルというのは、かなりの大金ですよね」

ピートはうなずいた。「でも10万ドルからすればごく一部です。それに、たぶん経費で落とせますよ。アンジェラに聞いてみてください」

ジュリーは少し考えてから言った。「わかりました。私はどうすべきでしょう？」

おしゃべりなピートがまさに口を開こうとしたそのとき、僕はどうにか間に合って、修正した標準契約書を差し出した。ジュリーがそれにサインすると、僕はピートに向かってうなずいた。「いいよ」。正直言って、彼が何と答えるか、その理由が何かが気になって仕方がなかった。

「あなたは5000ドル払って、ローウェルに切り替えるべきですね」。ピートがきっぱり言った。

ジュリーは怪訝そうに目を細めた。「5000ドル余計に払わないといけない、納得のいく理由を教えてほしいですね」

ピートは間を置いて、考えを整理してから話し始めた。「まず、デビーに求婚する男が3人ではなく、1000人いると考えてみましょう。1000人のなかから、彼女が結婚するであろう相手をあなたが選ぶんです。これで当たったら相当ラッキーじゃないですか?」

ジュリーは少し考えてから答えた。「ええ、そうですね。でも、私は１０００人ではなく3人のなかから選ぶようにいわれているんです」

「確かにそうです」とピートが同意した。「でも、求婚者が１０００人いると考えたほうが理屈が理解しやすいんです。それで、あなたが1人選んだあと、残りの９９９人のうち９９８人がみんな昏睡状態に陥るシナリオをプロデューサーが書いたとします。あなたは考えを変えますか?」

ジュリーは鼻にしわを寄せて懸命に考えていた。そして突然、表情が明るくなった。漫画だったら、電球が頭の上で光って、ひらめいたことを示す場面だ。「言っている意味がわかりました。最初の段階で本命の相手を選ぶのは、とんでもなくラッキーじゃないとできないということですね。それは彼らにはどうすることもできません」

「そのとおりです!」ピートの声には力がこもっていた。「最初の段階で当たる確率は１０００分の1で、それは変わりません。デビーの本命が残りの９９９人にいたとしたら、プロデューサーはその９９９人のなかから本命でない９９８人を選んで、交通事故に巻き込まれるシナリオを考えるはずです。だから、選択を変えることによって、あなたが当たる確率は１０００分の1から、１０００分の９９９に上がるんです」


条件付き確率の説明は２４８ページに続く。

ジュリーの表情はさながら期末試験を受けているかのようだった。無理もない。僕がそれまでに見たなかで、それはピートが考え出した議論でも最難関の部類に入るものだったからだ。「つまり、こういうことでしょうか。求婚者が3人いる場合、最初の段階で私の選択が正しい確率は3分の1で、もし選択を変えたら、確率は3分の2に上がる」

「おみごとです！　長期的に見れば、10万ドルを勝ち取る確率が3分の1から3分の2に上がれば、3万3000ドル以上の価値があるということです。もちろん今回は長期戦ではないのですが、もし僕があなたの立場だったら、すぐに5000ドル払って選択を変えますね。しかも、手に入れた賞金で遊んでいるわけですし。選択を変えて外れたとしても、僕たちに料金を払う必要がないので、1万5000ドルは手元に残るし、ゴールデンアワーにテレビ出演もできる」

ジュリーが椅子から立ち上がった。「火曜まではまだ数日あるので、考えてみます」。彼女は僕たちと握手を交わして帰った。

「なあ、どう思う？」と僕はピートに訊いた。

「彼女は僕が言ったことを理解したと思うよ。とても頭のいい女の子だし。論理的に考える人なら、選択を変えるだろう」。ピートの熱のこもった口調がだんだん落ち着き始めた。「とはいえ、最近僕が負け続けていることを考えると、彼女は現状維持の道を選ぶかもね。5000ドル払わなくてすむわけだし」

「まあ、火曜の夜になったらわかるよ。僕は幸運を祈ってる」

こうなると、火曜の夜にはおもしろいことがいくつも起きそうだ。僕の知っている限り、ピートはまだ火曜夜のギャンブラーズ・アノニマスの会合に参加する予定にしている。

火曜の夕方5時30分頃、僕が帰宅してジャケットを脱いでいると、電話が鳴った。受話器を取る。

「フレディ？　ピートだけど。僕のブックメーカーに電話して、UCLA対ワシントンのバスケットボールの試合のライン（ハンデ）を訊ねてくれないか。UCLAに設定されたマイナスのラインが4点以下だったら、UCLAの勝利に500賭けてほしい」

僕は開いた口がふさがらなかった。「きみはギャンブラーズ・アノニマスの会合に参加するんじゃなかったのか、ピート」

「参加するよ。でも、万が一うまくいかなかったときのためだ。あのゲームに対してすごいひらめきがあったんだ。悪いな、フレディ。もう行かないと。数時間で戻るから」。僕は受話器を置いた。

言われたことをやるしかない。電話をかけると、UCLAのラインはマイナス3・5〈注1〉だったので、僕は賭けておいた。

322ページの「スポーツ・ベッティングの概要」を参照。

2時間後、ピートが家に戻ってきた。会合が「うまくいった」ようには見えなかった。バスケットボールの試合開始は8時だったので、ピートは腰を落ち着けてテレビを見始めた。

ハーフタイムの段階でスコアは同点だった。そのとき時刻は9時少し前。『高慢と情熱』は9時ぴったりに放映開始だ。僕はそのことをピートに念押しした。

「心配するな、フレディ。リモコンで2つの局を切り替えながら観るから。それに、ジュリーは電話が来るのが9時45分だと言っていたじゃないか。時間はたっぷりある」

読者のみなさんはこう思っているだろう。どちらかの番組を録画しておけばいいじゃないかと。実はそうしようとしたのだが、ピートがまだ観ていない録画が多すぎて、デジタルビデオレコーダーに空き容量がなかったのだ。空き容量がなくなるまで録画するのも大変だと思うのだが、それは旧型のレコーダーで容量が少なかった。それに、ピートが言うように、チャンネルはいつでも変えられる。

お察しのことと思うが、僕はつまらないバスケットボールの試合よりも、『P&P』で何が起きるかのほうに、はるかに興味があった。そのあとの40分ほどは、少なくとも僕にとっては試合の展開がとんでもなく遅かった。一方、ピートのほうはといえば、画面に釘づけだ。ワシントンは後半早々に5点差をつけたが、UCLAは1点を返したかと思うと、そのうち追いついて逆転した。残り6秒の段階でUCLAが4点リード、ボールはワシントン側のバックコートにあった。

ピートは口を固く閉じていた。「まずいな」と彼は歯ぎしりした。「やつらに簡単にレイアップシュートを決められたら、僕は負ける。なんでこう負け続けるんだ?」

言うべきことは山ほど思いついたが、友情と今後の仕事を考えて心の中にとどめておいた。ワシントンが敵陣に攻め始めると、時計が動いた。残り2秒というところで、スリーポイントラインの外側から高々とアーチを描くシュートを放った。ブザーが鳴る。ボールはバックボードに当たり、ゴールのリングに弾かれた。UCLAは4点差で勝った!

「やった!」とピートは声を上げ、興奮してソファから立ち上がった。すると彼の腹に置いてあったリモコンが落ち、コーヒーテーブルに当たって、床に激しくぶつかった。

僕は腕時計を見た。10時の15分前。「9時45分! チャンネルを変えてくれ!」。僕はピートに向かって叫んだ。

彼は我に返った。「わかった、フレディ」。ピートはリモコンを拾ってボタンを押した。何も起きない。

画面では、スポーツジャケットを着たコメンテーターが、汗まみれのＵＣＬＡの選手にインタビューしている。ジュリーが何て言ったのか、デビーが誰と結婚するのかを早く知りたかった。

「リモコンをよこせ！」と僕はピートに叫んだ。彼が押しつけるようによこしたリモコンで、「前のチャンネル」ボタンを押した。反応しない。『高慢と情熱』を放映しているチャンネルの3桁の番号を押したが、やはり反応がない。

電気製品には詳しくないが、僕は裏蓋を開けて電池を確かめた。ひどい液漏れを起こしている。「単三電池はあるか？」と僕はピートに叫んだ。

彼は確かめてから言った。「いや、切らしてる」

腕時計を見ると、9時52分だ。今頃、全米の誰もがジュリーのとった行動を知っている。僕ら以外は、ということだが。

「そうだ、誰か『高慢と情熱』を観ている人を知っているか？」と僕は訊ねた。

ピートは首を振った。「ジュリーだけだ。裏がとれるまで、彼女には電話しないほうがいい。きみは知らないのかい、フレディ？」

僕は歯ぎしりした。「番組を観ているべきだった。スポーツの結果なんて、ラジオやテレビやインターネットでいつでも確認できるのに。堕落したスポーツ狂の友だちに聞いてもいいじゃないか」

ピートと僕は大急ぎでそれぞれの電話帳を調べて、連続ドラマを観ていそうな人を探した。そのとき突然、僕はひらめいた。読者のなかにはもっと早く気づいていた人もいるかもしれないが、5000ドルを手に入れられるかどうかの瀬戸際に立たされていれば、そういうわけにはいかないものだ。

「そうだ！」と僕は声を上げた。「アンジェラ！　彼女はジュリーの友だちだから、番組を観ているに違いない」

いつもなら夜10時を過ぎてから人に電話するのは気が引けるのだが、例外を適用すべきときもある。いまがまさにそのときだ。僕は電話をかけた。

終わりよければすべてよし。ジュリーは途中で選択を変えただけでなく、予想を的中させた。デビーはラルフ・ローウェルと結婚することにしたのだ。ベガスでは、このあと何回目のエピソードで結婚が危うくなるかを予想する賭けが始まるというのが、もっぱらの噂だ。

僕は朗報をピートに伝えた。彼は満足そうにうなずくと、電話に手を伸ばした。「バーニー？　明日の夜のニックスなんだが、ラインはどれくらいかな？　じゃあニックスに200ドル、それが当たって、レイカーズのラインが6かそれより低かったら、儲けをレイカーズに賭けてくれ〈注2〉」。受話器を置いた彼は、全身から満ち足りた雰囲気を漂わせていた。

「うまくいかなかったんだね」。僕は皮肉っぽくつぶやいた。

「うまくいかなかったって？」

「ギャンブラーズ・アノニマスの会合さ」

ピートはため息をついた。「えっと、フレディ、帰り道に考えたんだ。野球のシーズンに儲けるのはいいし、フットボールのシーズンに儲けるのもいい。でも、人生ってやつはひとつの長いシーズンだってことをいつも頭に入れておくべきだって」

こんな哲学をもち出されたら、僕は言い返せない。遠い将来を見据えるビジネスにも、四半期レポートの視点は含まれているものだ。

先日、ピートと僕は報酬の5000ドルの一部を使って新しい機器を購入した。いまやリビングには、新品の大画面テレビが鎮座している。リモコンは高機能で、2つのチャンネルを同時に視聴できる機能までついている。今回のような案件が再び舞い込んでこないとも限らないからだ。

それと、小型のテレビ1台と、10ドル分の単三電池、デジタルビデオレコーダー1台も手に入れた。レコーダーは、ケーブルテレビ会社から支給されたものもある。ケーブルテレビのプランを2年更新したら、大容量のモデルをもらえることになったのだ。

〈注1〉 賭けのラインが3・5など、0・5ポイント単位になっている場合、実際の試合の結果は必ず整数になるので、プッシュ（引き分け）はない。ラインが3・5に設定されている場合、フェイバリットは4点差以上で勝てばカバーする。

〈注2〉 ピートはニックスに200ドルを賭けたとき、ニックスがカバーしてレイカーズのラインが6ポイントかそれより低くければ、ニックスに賭けて儲けた200ドルをレイカーズに賭けてほしいと、ブックメーカーに告げている。

第11章 バスケットボールをめぐる陰謀

中古車セールスマンのオリー・リチャードソンは、たまには役に立つ男だ。しかし残念ながら、身長１９３センチで、体重はＮＦＬのオフェンスラインマンぐらいあり、体も態度もでかい男である。

オリーはピートが火曜の夜にやっているポーカーの常連。火曜の夜なのは、月曜夜のフットボールと重ならないようにするためだ。一般的に中古車セールスマンというのは実にいやな人物だといわれるのだが、オリーの場合はそれだけでなく、自分の成功や他人の失敗を喜ぶことにかけては世界で右に出る者がいないほどの男で、だから余計にいやな人物である。とはいえ、彼にもそんな性格を帳消しにするようなよい面もある。ロサンゼルス統一学区で最近予算が削減されて女子バスケットボールのチームが解散の危機にさらされたとき、オリーは手を差し伸べて、マクミラン中学校の女子チームのコーチを買って出た。実はそのチームで彼の娘がポイントガードをしているのだ。マクミランは勝利を重ね、それでオリーは大喜びだった。

以上が、僕が1カ月前に知っていた情報だ。その頃、ピートのおばにあたるハリエットおばさんからピートに電話があった。話し方が穏やかだが、その銀髪はぼさぼさで、どことなくおろおろした感じの女性だ。どうやらハリエットおばさんの娘のアイリーンはラザフォード中学校に通っているらしく、この中学校は、オリーがコーチを務めているマクミランと同じ地区にある。予算削減はラザフォードの課外活動にも甚大な影響をもたらし、女子バスケットボールチームはコーチを探していた。それでピートに白羽の矢が立ったというわけだ。

冗談などではない。そんじょそこらのスポーツファンであっても、監督やコーチというのはまったくの能なしだと心の中で信じきっているもので、自分がチームを任されたとしても、弱小チームを少なくとも最下位から脱出させたり、まずまず頑張れば優勝争いを演じたり、うまくいけば名門チームに育て上げたりすることだってありうると思っている。それに、ピートはそんじょそこらのスポーツファンではない。ドジャースやレイカースの監督を任せられることはまずないというのはピートもわかってはいるが、何事もとりあえずやってみなければ始まらない。

ピートが安請け合いして任されたそのチームは、なかなか見込みがあることがわかった。その女子チーム「ラザフォード・レディー・バスケッターズ」には有力な選手が1人いる。テレサ・ミドルベリーという名前で、身長は170センチ。13歳にしてはかなり大柄だ。ディフェンスとして優れているだけでなく、そのジャンプシュートはほとんど誰にも止められず、およそ3・7メートル以内からのシュートは正確だ。初めての練習のあと、ピートは鼻歌を歌いながら帰ってきた。

「どうだった、コーチ?」と僕は訊ねた。

ピートは見るからにご機嫌だ。「なかなか才能があるし、練習熱心だよ。この2つに、バスケットボールに関する僕の知識が加われば、ほぼ怖いものなしといっていいだろう」

そろそろ現実を直視するように釘を刺したほうがいいと、僕は思った。「ピート、きみはこれまでバスケットボールのコーチなんてしたことがないんじゃないか」

「僕の父親の話を覚えているかい、フレディ？　選手だったんだ。それに、僕はバスケットボールの試合を何千回と観てきた」

「何百万回かもしれない。でも、傍観者の立場からコーチするのは簡単なんだ」

彼はそれについて考えてからうなずいた。「とはいえ、バスケットボールのコーチをするのはロケット科学とは違う」。こんなことを言われると、何も言い返せない。

ピートの能力は認めなければならない。選手の能力の評価と献身的な指導が適切だったのか、彼は実際に優れたバスケットボールのコーチなのか、その両方なのか。まもなくラザフォードとマクミランはリーグでトップ争いを演じるまでになり、両チームはリーグ優勝を賭けて直接対決することとなった。すぐにこのことは、火曜の夜のポーカーでトップ級の話題とまではいかなくても、よく取り上げられる話題となった。オリーとピート（もっといえばオリーとほかの全員）のあいだに存在する敵意が、ポーカーのプレイヤーのあいだで賭けを活発にさせる。どちらのチームも負けなしで、優勝を決める試合はラザフォードのホームコートで行われるため、ラザフォードにはマイナス4点のライン（ハンデ）が設定された。

試合の日が近づくにつれ、ピリピリした雰囲気が感じられるようになった。ピートは僕を練習に誘ってきた。誰か助手の役目をする人がほしかったに違いないのだが、僕は応じることにした。選手たちからは全力を尽くす意気込みがはっきりと感じられた。相手のマクミランにはゴール下にテレサ・ミドルベリーのような選手はいないものの、偵察の報告（アイリーンはあらゆる内部情報に通じていて、忠実に届けてくれた）によると、向こうには163センチのフォワードが2人いて、リバウンドに積極的に飛び込んでくるらしい。テレサもラザフォードで最高のリバウンダーだから、これは悪いニュースだ。一方でマクミランには司令塔となるポイントガードが実質的にいないから、ボール回しは少し弱い。ピートはアイリーンからの情報が本当だと判断し、選手たちに攻撃的なトラップディフェンスを教えて、マクミランが自陣から出ようとしたときに目いっぱいプレッシャーをかけることにした。

ピートは僕を相談役として使うことにした。なぜなら、僕はある程度の専門的な知識を得つつあり、たいてい近くにいるからだ。ディフェンスに重点を置いた最近の練習のあと、家に帰る車の中で、ピートはバスケットボールの理論をいくつか僕に聞かせてくれた。

「なあフレディ、1クオーターが6分しかない試合では、ターンオーバー（攻撃側のミスでボールを奪われること）は重要だ。トラップがうまくいくようだったら、テレサを攻撃的なバスケットに投入しようと思っている」

「いいんじゃないかな」と僕は言って、次に何を言うべきか少し考えた。「ピート、きみの仕事ぶりには本当に感心するよ。ポーカー仲間のなかで、あの試合に100ドル賭けるのを引き受けてくれる人はいると思う？　もちろんラザフォードに、ということだけど」

ピートはほくそ笑んだ。「アーニー・シュラフトの番号を教えるよ」。アーニーは火曜夜の常連のひとりだ。「彼は副業でちょっとしたブックメーカーをやっている。ここだけの話だが、彼は火曜夜のほかのポーカー仲間からあの試合に対して、ＵＳＣ（南カリフォルニア大学）対ＵＣＬＡのフットボールの試合に匹敵するぐらいの賭け金を集めている。明らかにＵＳＣはここ数年調子がいいから、賭けの集まりが悪くなっているのはあるけれど」

僕は少しショックだった。「アーニーって、学区の仕事をしているんじゃなかったっけ？」

ピートはうなずいた。「予算削減のあおりで彼の給料も減ってね。だから、小銭を稼いでいるんだ」。彼は少しのあいだ物思いにふけった。「たぶんいまのラインは4だと思う。多少の上下はあるけれど」。僕たちは信号待ちをした。「でもフレディ、きみが現金をつぎ込むぐらい、僕のコーチ手法を支持してくれていると知ってうれしいよ」

「当然だろ」。１００ドルを賭けようと思ったのは彼の手法の堅実さだけが理由ではなかったのだが、それをピートに言うのは避けた。僕は前回の練習で、テレサが3・7〜4・5メートルの範囲からジャンプシュートを8本連続で決める場面を見ていた。それだけでなく、フリースローも22本連続で決めていた。

たまたま僕は、次の火曜夜のポーカーに加わるように頼まれていた。場の雰囲気は明らかにピリピリしていた。オリーはピートのコーチ能力について嘲笑し、自分のチームはテレサ・ミドルベリーのようなひょろ長い選手がいなくても成果を上げたのだと言いきった。確かにテレサ・ミドルベリーは13歳女子の平均身長よりは背が高いのだが、彼女はたいていの13歳と同じで、自分の外見を少し気にしている。ピートは、もし試合中にテレサにそんなことを言ったら、少なくとも目の周りにあざをつくることになると、オリーに言った。オリーはピートよりも体重が30キロほど重いのだが、ピートは身長が190センチ近くあって腕が長いうえ、すばしっこさではオリーをはるかに上回る。

練習はきわめて順調で、チームの状態はその時点で最高潮に達しているようにも見えた。しかし試合の3日前に、とんでもない事態が起きた。

朝の10時頃、僕はそんな事態が起きていることなどつゆ知らず、至福の時を過ごしていた。朝食を食べ終え、コーヒーを飲んで、ゲストハウスのリビングに朝刊を持って入ったところだった。少し欲が出てきたのか、僕はさらにもう100ドルをあの試合に投入することにした。アーニー・シュラフトの番号を確かめて、電話をかける。街には彼以外にもブックメーカーがいるかもしれないが、たとえインターネット・ベッティングが合法な時代であっても、女子中学生のバスケットボールの試合に賭けられるところはほかに見つけられないだろう。

ピートのアドバイスに従って、賭ける前にラインを訊ねた。その数字を聞いた僕は、飲んでいたコーヒーが気管の変なところに入って、窒息しそうになった。

ピートは以前、はっきり言ったことがある。寝ている僕を起こすのは、緊急性がきわめて高い場合だけにしてくれと。たぶん今回はそれに該当するだろうと、僕は考えた。寝室のインターコムで呼び出すと、8回鳴らしてようやく応答があった。

「なんだよ？　どうした？」。相手が僕だとわかっているので、ぶっきらぼうな返事だ。

「ピート、まずいことが起きた。どうなっているんだかわからないんだが、さっき試合にもう100ドル投入しようとしてアーニー・シュラフトに電話したら、いまのラインはマクミランのマイナス2だと言われたよ。きみに伝えるべきだと思ってね」

ピートが驚きの声を上げた。「冗談だろ！　まさか、その罠に引っかかったんじゃないだろうな。たぶんカモにされているんだろうが、なんでラインがそんなふうに変わったのか、よくわからないな」

「僕もたまげたよ。彼に礼を言って、電話を切った」

ピートはしばらく黙ったあと、口を開いた。「こんなに激しい変動が起きた理由としては、けがぐらいしか思いつかない。アーニーはLAUSD（ロサンゼルス統一学区）に勤めているから、僕らが知りえない内部情報に通じている。まあ、今日午後の練習で原因がわかるだろう」

練習の時間になったとき、けがをしている選手が誰もいないとわかって安心した――少なくとも、僕たちが気づいたけが人はいない。しかし、テレサの様子がおかしいように見えた。シュートは全然入らないし、ディフェンスも隙だらけで、明らかにバスケットボールに集中していない。そこでピートは、彼女をフリースローのラインに立たせて、フリースローを１００本打たせ、そのうち何本入るか記録するよう僕に言ってきた。僕はその結果をピートに報告した。

「66本」

ピートは何やら紙に書いてある数字を調べ、しばらくのあいだ目を閉じだ。そして目を開けると、こう言った。「フレディ、きみは探偵だ。そしていま、調査が必要なことがある。テレサの様子がおかしい。何が起きたか、調べてくれないか」

僕は少し驚いた。「フリースロー１００本のうち66本を決めるのは、別に悪くないぜ」

「テレサにとっては悪い。彼女はフリースローを80％の確率で決められるんだ。１００本のうち66

本しか入らないのは、標準偏差が平均より3・5も低いということだ。たぶん1000回に1回の事態だ」

わけがわからなくなった。「どういうことだ、ピート」

「フレディ、80%の確率で決められる選手のフリースローを100本記録してグラフに描くと、釣鐘形の曲線になるんだ。テレサが1本のフリースローを決められる確率は0・8で、外す確率は0・2になる。80%ということは、テレサは100本のうち80本を決められると期待できるということだ。それが平均だ。標準偏差を計算するには、100×0・8×0・2の答えの平方根を求める。100はフリースローを打った回数、0・8はテレサがフリースローを決める確率、0・2は彼女が外す確率だ。100×0・8×0・2は16で、16の平方根は4になる」

ピートが数学をもち出したときには好きにさせるのが賢明だと、僕はこれまでの経験で学んだ。結局のところ、それによってかなりの利益を得たこともあったのだ。「それの何がいいんだい、ピート？」

「すべての釣鐘形の曲線は同じ形をしている。平均から標準偏差が1以内に収まる確率は68%ある。平均が80本で、標準偏差1は4本に相当するから、テレサが100本のフリースローを放ったとき、68%の確率でフリースローが76〜84本決まるということだ。確率を95%まで上げると、平均から標準偏差が2以内に収まるということなので、フリースローが決まる本数は72〜88本のあいだになる。標準偏差が平均から3離れるのは、500回に1回ほどしかない。今回の場合、彼女がフリースローを決めた本数は平均を14本下回っている。14÷4は3・5だ。だから、標準偏差が平均より3・5も低いということになる。こんな数字はたまたま得られるものじゃないよ、フレディ。何かが起きている」

二項分布の説明は236ページに続く。

ピートは僕が持っていたバスケットボールを取り上げた。「僕が選手のコーチをやるよ、フレディ。何が起きているのか突き止めてくれ。でないと、僕らは困ったことになる」

僕の何年もの経験は決して無駄ではなかった。誰かについて何かを知りたいとき、その友人に訊ねるのが最善の方法だ。僕はピートのいとこのアイリーンに電話した。

原因はあっけなくわかった。以下が電話での僕たちの会話のすべてだ。

「アイリーン、テレサに何かあったのかな?」

「聞いてないの? 彼女は土曜の試合に出られないって!」

「彼女に何かあったのかい、アイリーン? 事故にでも遭ったとか?」

「ううん、彼女は元気なんだけど、ものすごいことが起きたの。ゆうべ電話があって、土曜の夜にあるクリスタルビジョンのコンサートに行けることになったんだって!」

僕は新聞の娯楽面を読んでいるので、クリスタルビジョンが大人気なのは知っている。特に13歳の女の子には。「あのコンサートのチケットは売り切れたと思ってたよ、アイリーン」

「売り切れだったんだけど、ロック専門のラジオ局の懸賞でチケットが2枚当たったって、テレサに連絡があったの。彼女は私にその1枚をくれたんだ」

僕は食い下がった。「ちょっと待てよ、アイリーン! チームメイトのことを考えてくれ。みんなを裏切ることになるんじゃないか」

「ぜんぜんだいじょうぶ〜。私はみんなに全部話して、クリスタルビションのサイン入り写真を全員にあげるって約束したから」。彼女は電話を切った。

僕はそのとき心に誓った。ティーンエイジの女の子――少なくとも13歳から15歳の女の子――を対象に賭けをしたり、今後の仕事でかかわったりするのは慎もうと。僕が報告すると、ピートは悔しそうに歯を食いしばった。

「オリーの仕業だよ、フレディ。いまわかった。あいつの親戚にダフ屋がいるんだ。でも、これは起きてしまったことだ。僕たちはベストを尽くすしかない」

100ドルが消えてしまった。翌日のバスケットボールの練習は目も当てられないぐらいひどかった。テレサとアイリーンも来たが、明らかに心ここにあらずといった様子だ。この木曜日の練習は気が滅入ることばかりだった。何か奇跡が起きて、クリスタルビションの土曜のコンサートが中止になったとしても、テレサは心がかき乱されて攻撃の主力でなくなってしまうかもしれない。いずれにしろ、もはや彼女は攻撃の主力ではなさそうだ。いまもシュートを外してばかりいる。

僕は100ドルのことは忘れて、オリーがほくそ笑む姿に耐えるしかないとあきらめていた。しかし、そんな金曜の朝、思いがけないできごとが起きた。青天の霹靂とは、朝の配達でピート宛てに届いた、統一学区からの告示だ。ピートは「アーブズ・デリ」で金曜のブランチスペシャルを堪能しているところだったので、勝手ながら僕が開封した。

告示によると、理事会が不穏なできごとを知るにいたり、その結果、土曜夜の優勝決定戦を中止せざるをえなくなったという。理事会は試合の延期が望ましいと考えたのだが、学期の終了が間近に迫っているために、延期する余地がなかったのだ。優勝の栄誉はラザフォードとマクミランの両校に与えられ、祝賀会は予定どおり開かれる。最後の段落には、来週、統一学区の代表者が各校を訪れて「ギャンブルの弊害」という題目で講義をすると書かれていた。

いったいどういうことだろう。とにかく、ピートは優勝決定戦でオリーに破れるという屈辱を味わわずにすんで、ほっとするのではないかと、僕は思った。もっと重要なのは、僕が100ドルを失わずにすむことが確実になってよかったということだ。アーブズ・デリから戻ってきたピートに、僕は告示を手渡した。

彼はざっと目を通した。「こんなふうになるんじゃないかと思ってたよ、フレディ」

太陽がついに西から昇った日でさえも、ピートは「こんなふうになるんじゃないかと思ってたよ、フレディ」と言うんじゃないだろうかと、いつも思ってしまう。100ドルが戻ってくることになって心底ほっとする一方で、好奇心がふつふつと湧き上がってきた。

「統一学区が試合を中止するだろうと、いったいどうやって予想したんだよ?」

「確信はなかったんだが、アーニー・シュラフトが試合の賭けを取りまとめていただろ?」

「それが?」

「ラインが突然、マクミランのプラス4からマイナス2に変わったのを覚えているかい? あれはマクミランに賭ける人の金がたくさん集まったからに違いない。アーニーはブックメーカーの経験が浅いから、よくあることをやった。マクミランにハンデを設定して、ラザフォードに賭けやすくしたんだ」

「それはよくわかる」

「よくわかるが、そこには大きなリスクが潜んでいる。アーニーはひどくミドル〈注1〉する可能性があったんだ。もしマクミランが1点差で勝つか、3点差以内で負けたら、マクミランのラインがプラス4だったときに賭けた人全員と、ラインがマイナス2に変わったあとにラザフォードに賭けた人全員に配当を支払わないといけないからだ。察するに、プラス4のときにオリーがマクミランに賭けたことが、アーニーの行動の主な原因だったに違いない」。ピートはひと息ついた。「経験豊富なブックメーカーに同じことが起きたら、単に賭け金をほかのブックメーカーに賭けてリスクを減らすんだ。アーニーはまだ経験が浅いし、そもそも、女子中学生のバスケットボールの試合を扱っているブックメーカーなんてほかにいないだろ？　試合が都合よく終わらなかった場合にほとんど全員に支払わなければならないというプレッシャーに、彼が耐えられるとは思えなかった」

「それで、彼はどうすると、きみは思った？」

「彼がどうするか、僕には確信と呼べるようなものがあった。賭けが行われていることと、選手のひとりが賄賂を受け取ったことを上司に知らせるんだ。テレサがコンサートのチケットを受け取ったのが賄賂になるか僕にはわからないけど。裏で何が行われているか、おそらく彼女はまったく知らなかっただろうからね」。ピートは思慮深い態度を見せた。「ところでフレディ、あのチケットの出所を突き止められると思うかい？」

「どのチケット？」

「テレサが受け取ったやつさ。あれがオリーから来たことを突き止められれば……」。彼はそこまで言ってやめた。

僕は少し考えてみた。「状況しだいだな。でも、そんなことする必要はあるかい？　それに、突き止められたとしても、ロックコンサートのチケットを未成年に送るのは、別に犯罪じゃないし」。僕はもう少し考えた。「でも、たぶんそれが犯罪だったら、世界はもう少しよくなるかも」

「少なくとも、静かにはなるな」

〈注1〉ヘッジは事象の結果にかかわらず、利益を得ようとする試みで、投資では一般的だ。ブックメーカーがマイナス5などのラインを設定している場合、ブックメーカーにとって理想的なのは、フェイバリットとドッグへの賭け金が同額という状況である。この場合、試合がプッシュでない限り、ブックメーカーは支出の1・1倍の収入が得られるので、着実に利益をあげられる。しかし、ラインの設定によっては、賭け金がどちらかのチームに偏ることがある。最初に設定したラインで、たとえばフェイバリットへの賭け金がドッグへの賭け金の4倍にもなった場合、ブックメーカーはラインを上げて、ドッグへの賭け金をさらに集めることができる。簡単な例を挙げよう。

		フェイバリットへの賭け金（ドル）	ドッグへの賭け金（ドル）
当初のライン	マイナス5	4000	1000
変更後のライン	マイナス6	1000	4000

フェイバリットがちょうど6点差で勝たない限り、ブックメーカーは問題ない。たとえば、フェイバリットが7点差で勝った場合、ブックメーカーは当初のラインでフェイバリットに賭けた人に4000ドルを支払い、当初のラインでドッグに賭けた人から1100ドルを受け取る。また、変更後のラインでフェイバリットに賭けた人に1000ドルを支払い、変更後のラインでドッグに賭けた人から4400ドルを受け取る。これでブックメーカーは最終的に500ドルの利益を得られるというわけだ。

しかし、試合が2つのラインの中間である6点差で終わった場合、ブックメーカーにとっては悪夢となる。当初のラインでドッグに賭けた人から1100ドル、そして変更後のラインでフェイバリットに賭けた人からも1100ドルを受け取るが、当初のラインでフェイバリットに賭けた人に4000ドル、さらに変更後のラインでドッグに賭けた人にも4000ドルを支払わなければならず、合計で5800ドルの損失になるからだ。ブックメーカーは事実上、フェイバリットがちょうど6点差で勝たないことに対して、5800ドル対500ドルのオッズを設定していることになる。この場合、ブックメーカーは「ミドル」しているといわれる。上記の例では、変更後のラインがフェイバリットに対してマイナス8・5ならば（6・5に設定するとドッグへの賭けはそれほど魅力的にならない）、フェイバリットが6点差、7点差、8点差で勝つとブックメーカーはミドルする。変更前と変更後のラインの差が大きいほど、ブックメーカーがミドルする可能性は高まる。

これは商品先物市場でも問題だ。スポーツ・ベッティングとよく似た手法で行われていて、ラインに当たるものは商品の先物価格と呼ばれ、「ゲーム」の結果は未来の特定の時点における商品の価格となる。両者で大きく異なるのは、商品先物取引では利益や損失の額は（一100ドルなどのように）一定でなく、先物を買った時点での価格とその商品が実際に取引されたときの価格の差になることだ。これは株式を購入した場合の損得が、株式を買ったときと売ったときの価格の差によって異なるのと似ている。

第12章

すべてが駆け引き

「セニョール・レノックスはいます？」

少しラテン系のなまりがある40歳ぐらいの細身の女性が、戸口に立っていた。確かに見覚えはあるのだが、誰だったかをすぐに思い出せない。いつも決まった場所で会っている誰かに、ほかの場所で出くわしたとき、少ししてからはっと気づくことがある。今回、はっと気づくまでに5秒かかって、ようやく誰だかわかった。

「どうぞ入ってください、ドローレス。探してきますから」

ロサンゼルスについて報じられることといえば、たいていハリウッドやスポーツの放映権、暴動、ギャングの問題で、この街に住んでいるドローレスのような人々についてまったく報じられないのは、残念なことだ。20年前、ドローレスは夫とふたりで、ブレントウッドとサンタモニカの境目に小さなメキシコ料理店「カーサ・ドローレス」を開いた。しかし、開店直後に交通事故で夫に先立たれ、ドローレスはマリアとペドロというふたりの子どもの面倒をひとりで見なければならなくなった。この20年間、ドローレスはレストランの経営を軌道に乗せただけでなく、せっせと貯めた教育費で、ふたりの子どもを大学に行かせることもできた。娘のマリアはカリフォルニア大学サンフランシスコ校で医学の実習をしていて、息子のペドロはＵＳＣで半分ほどの課程を終えた。僕たちはカーサ・ドローレスの常連だ。ピートの話では、ペドロとマリアは高校生のとき店で給仕の仕事をするだけでなく、夜遅くまで店の掃除をしていたという。マリアは理系の科目が得意だったのだが、ペドロは代数が少し苦手だった。ピートは彼の家庭教師をする代わりに、食事をただにしてもらっていた。

僕がドローレスをリビングに案内すると、ピートは探すまでもなく、ドアが開いた音を聞きつけたのか、姿を現した。彼ははっと気づく必要はなかった。おそらく、ドローレスは家庭教師のためにペドロを何度もここに連れてきていたからだろう。ピートは彼女を温かく迎えた。

「また会えてうれしいです、ドローレス。レストランはいつも混んでいるから、商売が順調なのは訊かなくてもわかっているけれど、ペドロとマリアは元気？」

「ふたりとも元気ですよ、セニョール。マリアは、もうすぐ医者になるんです！」。マリア（Maria）のｒの発音は、ドローレスのほうがピートよりもはるかに魅力的だ。

「あの子なら当然だと思いますよ。それでドローレス、何か相談でも？」

彼女は少しためらっていたのだが、折りたたんだ紙を取り出すと、ピートに渡した。「これについてどうしたらいいか、相談したいと思って来たんです」

その紙は、野球カードの表面の白黒コピーだった。ベーブ・ルースの写真だ。カードの表には日付入りのサインが２つ――１９２７年のベーブ・ルースのサインと、１９６１年のロジャー・マリスのサインが——書かれていた。ピートは口笛を鳴らした。

「もしこれがあなたのだったら、ドローレス、すぐに金庫に入れるべきですよ！　本物だとしたら、このサインはルースが60本目のホームランを、マリスが61本目を打った日のものです。コレクターなら、大金を出して買うでしょう」

「サインは本物ですよ、セニョール。カードも安全です」。ドローレスはひと呼吸置いた。「これは私のおじいさんからもらったんです。おじいさんの父、私のひいおじいさんはメキシコの野球リーグの選手で、ベーブ・ルースと対戦したことがあるんです。いっしょに飲みにいったそうですよ。ひいおじいさんはベーブ・ルースがそのホームランを打つのを見ていて、本人にサインしてもらいました。セニョール・マリスが打ったときも見ていて、試合のあとに3時間待ってカードにサインしてもらったんです」

「それで、相談というのは？」

「これを売りたいんですよ。こういうカードを売る方法を調べてみたんです。ひとつはオークションに出すことですが、街にはカードを売りに出せる場所が2つあります」

ピートがうなずいた。「きっとあそこでしょう。クラシック・コレクティブルズとビンテージ・メモリーズ」

ドローレスがにっこり笑った。「さすがです、セニョール。その2つが、こういうカードを扱っているんです。私は過去10年のオークションの記録を調べてみました」

「徹底していますね、ドローレス」

彼女の顔つきは真剣だ。「ビジネスですからね、セニョール。レストランの経営と同じです。妥当な価格の納入業者を見つけないといけませんから。でも、納入業者の場合は試すことができます。いい食材を妥当な価格で提供してくれれば、長期契約を結ぶといった具合にね。でも、今回は違います。売るカードは1枚しかありません」

彼女はもう1枚の紙を取り出した。「それぞれのオークション会社は最低価格を設定しているんです。両方の会社のオーナーと話をしたら、最低価格はクラシック・コレクティブルズが2万ドルで、ビンテージ・メモリーズが3万ドルだと言っていました」

僕にはたいした問題ではないように思えたが、さらにドローレスの話を聞くと、問題がどこにあるかが見えてきた。

「オークションの結果を調べてみたんです、セニョール。すると、高額な品はクラシック・コレクティブルズのほうが高く売れることがわかりました。彼らは品によっては10万ドルの値をつけることもありました。でも、ビンテージ・メモリーズのほうはせいぜい7万ドルほどでした」。彼女はそこでひと息ついた。「この数字のことをずっと考えていると、頭がおかしくなりそうです。ある朝には、気分よく目覚めて、このカードを売れば大金が手に入ると思うんです。それで、クラシック・コレクティブルズに出品すべきだという気分になります。でも、別の朝には目覚めの気分が悪く、3万ドルでも大金だと言い聞かせるんです。だから、ビンテージ・メモリーズで売るべきだと。そういう堂々めぐりが1週間続きました。それで、あなたがペドロに代数を教えていたことを思い出したんです。あなたは頭がいいと、ペドロから聞いていましたから」

ピートはうなずいた。「力になれると思いますよ、ドローレス」。彼はそう言うと、紙を取り出して、このような図を書いた。

「さっき聞いた情報を図にしてみると、こんな感じですね」とピートは言った。「数字は手に入ると期待できる金額で、単位は1万ドル。たとえば、カードをビンテージに出品して、最高価格で落札できたとしたら、最高で7万ドル手に入るかもしれないということですよね」

ドローレスと僕は図をじっくり見た。「そうです」と彼女は言った。「それで、私はどうしたらいいんです？」

「カードをビンテージに出品すべきです」とピートが言った。「何が起きても3万ドルは確実に手に入るし、うまくいけば、7万ドルになるかもしれません」

「それはわかってますけど、クラシックだと、どうしてだめなんですか？ 10万ドル手に入る可能性もあるのに！」

ピートはしばらく考えていた。「こう考えてみたらどうでしょう。カードを買いたい人が1人しかいないとすると、クラシックでオークションをすれば、その人は2万ドルで買える。ビンテージの場合は、3万ドルです。買いたい人が複数いる場合は、その人たちを戦わせておけば、それ以上の金額で売れる」

ドローレスはまだ納得していない様子だ。「こう考えてもいいでしょう」とピートが続けた。「オークションにかけるカードがたくさんあるとしましょう。

	最高価格（万ドル）	最低価格（万ドル）
クラシック	10	2
ビンテージ	7	3

買い手が複数いて、カードの枚数が全員に行き渡るだけあったとしたら、彼らはどうするでしょうか？」

ドローレスは少し考えた。「わかりましたよ、セニョール。買い手たちはお互いに申し合わせて、全部のカードを最低価格で買うでしょう。私も、納入業者が複数いる場合はそうしますから。私はどうすべきか、その理由も含めてよくわかりました」

彼女は財布の中から小切手帳を取り出した。「いいアドバイスをありがとうございます、セニョール・レノックス。言われたようにやってみます。お礼にいくら払えばいいですか？」

ピートは僕を見た。「今晩、何か予定はあるかい、フレディ？」

彼が何を言おうとしているかはわかる。「キャンセルできない予定はない」

「だったら、キャンセルしてくれ」。ピートはドローレスのほうを向いた。「今回はペドロではなく、あなたの家庭教師をしたということです。今晩、フレディと僕に夕食をおごってください。それと、サングリアのボトルも1本」

「なんて心が広いんでしょう、セニョール。1万ドルを損するところだったかもしれないのに。夕食なんてお安いご用ですよ」

ピートはにっこり笑った。「たっぷりおなかをすかせて行きますよ」。彼女は僕たちと握手をすると帰っていった。

そのあと、僕はピートが書いた図をもう1回見た。「カードをオークションに出すときはいつも、最低価格がいちばん高いところに出したほうがいいのかな？」

「今回の場合はそうだ」とピートが答えた。「でも、状況によっては判断が難しい場合もある」

数週間後、僕たちがカーサ・ドローレスで食事していると、ドローレスがやって来た。あのカードが6万2000ドルで売れたという。彼女は大喜びで、今後、僕らがこの店で食べる夕食は無料にしてくれることになった。もちろん、この特権を乱用しなければの話だが、これからはメキシコ料理をたくさん食べられるだろう。この結末に喜んだ僕は、自分の両親をペンシルベニア州アルトゥーナまで行ってこさせようと考えた。僕が12歳ぐらいのとき一家でアルトゥーナから引っ越したのだが、そのとき僕は、靴箱3箱分の野球カードを置いていくように両親に言われたのだ！

僕はピートから学んだことがいくつかあり（ついでに言うとその逆もある）、そうやって学んだことが、奇妙にもまったく異なる場面で必要になることがある。数週間後、僕は個人的な問題を抱えていた。さんざん悩み苦しみ、考えた末に、僕はピートのやり方を採用してみようと決めた。だが、どうもうまくいかない。僕はどこかまちがっていたのか。

ピートと僕のあいだには何か心に通じ合うものがあるに違いない。僕がドアを開けたら、目の前に彼がいたからだ。ピートが口を開こうとしたが、すかさず僕が先手を打った。

「ピート、ビジネスパートナーに力を貸してもらってもいいかな？」

彼は僕をじっと見た。「どんな力だ？」

「たぶんきみの得意分野だ。何日か前、ドローレスから相談を受けたときにきみがやった分析を覚えているかい？」

「もちろんさ。ドローレスといえば、腹減ってないかい？」

「いまはそうでもない。ひとつ悩みがあるんだ。リサからしばらく連絡がないんだが、僕から彼女に電話しようか迷っている。ほら、古い歌にあるだろう。『ときどき彼女は電話してこなくなる、でもそれは全部ゲームなんだ』って。駆け引きってわけさ。それで思ったんだ。僕にある選択肢は2つ。電話をかけるか、かけないか。彼女についても2つの可能性がある。彼女が僕に電話をしてほしいか、してほしくないかだ」

ピートは少し考えた。「そうだな、ゲーム理論を適用したいと思ったら、ドローレスのときのように図をつくる必要がある」

僕はうなずいた。「それはわかってる。それで、ちょっと考えてみてつくったのが、この図だ」。僕は1枚の紙をピートに差し出した。それが下の図だ。「数字は、僕がどれだけ幸せに感じるかを10段階で表したものだ」

ピートは図をじっと見た。「きみの言いたいことは理解したと思う。最高なのは、きみが電話して、彼女が電話してほしかった場合だな。最悪なのは、きみが電話したけど、彼女が電話してほしくなかった場合。恥をかくだけじゃなく、きみたちの関係まで壊れてしまいそうだ」

僕はうなずいた。「そのとおり。もし僕が電話しなくて、彼女が電話してほしかったとしたら、僕はまずい選択をしたことになる。よい関係でいるときには、お互いの気持ちがわかるもんだと、リサは考えているんだ。その場合、た

リサは僕に電話をしてほしいか？

	はい	いいえ
電話をする	10	0
電話をしない	2	7

とえまずい選択をしたとしても、少なくとも彼女は電話してほしかったんだから、それがいくらかの慰めになる。最後に、彼女は電話してほしくなくて、僕が電話しなかった場合は、少なくとも僕はばかな真似はしなかったわけだし、彼女が気持ちを変えてくれるよう常に願うことができる」

「なるほど」。ピートは少し考えた。「きみの腕時計に秒針があるだろ、フレディ？」

「いや、デジタルなんだ。どうして？」

「それでもいいよ。時計を見て、いま何秒か教えてくれ」

ピートの魂胆がよくわからなかったが、とにかく僕はその言葉に従った。「14秒」

「だったら、彼女に電話するんだな」

僕は彼を見た。「ふざけるのはやめてくれよ」

ピートは強く首を振った。「まったくの真剣さ。ゲーム理論に従えば、きみは3回に1回は電話すべきだが、決断はランダムにするべきだ。今回みたいに、時計の秒数が0秒から20秒のあいだだったら、彼女に電話するよう、僕はアドバイスする。そうじゃなかったら、電話しないように言うよ」

自分の恋愛生活が時計の秒数に依存しているのを喜べるとは、とても言えない。「もうちょっと詳しく説明してくれてもいいかな、ピート。むちゃくちゃ詳しくなくてもいいからさ」

彼はため息をついた。「ある程度細かいことを説明しないといけない。彼女がきみから電話してほしいと思っていて、電話する機会が3回あるとする。1回は電話して、残りの2回は電話しない場合、きみは電話したときに1回につき10ポイント、電話しなかったときに1回につき2ポイント獲得するから、合計で14ポイントになる。ここまではいいかい？」

「10足す2掛ける2が14になるということはわかる」

「オーケイ。それで、彼女がきみに電話してほしくなかった場合、きみは1回電話すると0ポイント、電話しなかったときに1回につき7ポイントを獲得する。合計はこれも14ポイントだ。だから、彼女がどう思っているかにかかわらず、長期的にみると3回に1回電話したら同じポイントを獲得することになる。つまりこの状況になるたびに14／3ポイント、4と3分の2ポイント手に入る」

僕はペンと紙を使い、少しだけ時間をかけて全部のみ込んだ。「本当に賢いなあ、ピート。でもどうして、僕は毎回電話をかけて、彼女が電話をしてほしかったと願うのはだめなんだい？」

「そうしてもいいよ。でも、彼女が電話をしてほしくなかったと思っていたらどうするんだい。その場合、きみはポイントを得られない。でも、3回に1回電話する方法を採用し、無作為抽出できるデバイスを使って電話するかどうかを決めれば、彼女の気持ちにかかわらず、長期的には、1つの状況につき平均で4と3分の2ポイント獲得できるんだ」


２×２ゲームの説明は２３０ページに続く。


ピートのアドバイスに何から何まで従うつもりはない。とはいえ、ドローレスはピートのアドバイスに従って6万ドルぐらい手に入れて、お返しにメキシコ料理の夕食をたっぷりご馳走しないといけない。僕は同じアドバイスをただでもらった。だから、少し不安を抱きながらも、僕は受話器を取って、電話番号を押した。

彼女が応答したとき、僕の手のひらは冷たく湿っていた。

「ロー」

「やあリサ、フレディだけど」

「フレディ！　いま戻ってきたのね。外出しているって、ピートが言ってたから」

「おかしいな。きみから電話があったなんて、言ってなかったけれど。でも、声を聞けてうれしいよ。どうした？」

「えっと、まず、とてもいいニュースがひとつあって、新しい仕事が見つかるかもっていう話よ。でもまだちょっと確実じゃないし、詳しい話をしてだめになったらいやだから。でも、うまくいくように祈ってて」

「僕がいつもそうするってわかっているくせに、リサ」

そこから話はさらに個人的な話題へと移っていった。30分後、受話器を置いた僕は、4と3分の2よりもはるかにたくさんポイントを獲得した気分になっていた。

電話を切ってすぐ、すぐに片づけなければならない仕事があった。リビングに入ると、プロと大学のバスケットボールのチャンネルを引っきりなしに切り替えているピートをつかまえた。

「なあピート、僕はきみに感謝すべきか、怒るべきか判断がつきかねている」

彼はチャンネルを変える手を止めた。「どうして僕がきみに怒られないといけないんだい？」

「リサと話をしたら、彼女は電話をかけたって言っていたよ。きみはそれを教えてくれなかった。彼女が僕と話したがっていたことを、きみは知っていたんだ」

ピートは少しむっとした様子だ。「念のため言っておくけど、きみが帰ってきたとき、僕がドアのところにいただろ。電話があったことをきみに伝えようと口を開いたところで、きみがそれを遮った。伝える機会がなかったんだ」

あのときのことを振り返った。ピートのいうとおりだ。たぶん僕は機嫌を直すべきかもしれない。とはいえ、彼が僕の恋愛生活をデジタル時計の表示に委ねたということに気づいた。

「そうだったな。きみの発言を僕がじゃましたこと、それに、リサが僕と話したがっていたのを伝えようとしてくれたのは認めよう。でも、きみが腕時計を見るように言ったときに秒数が0と20のあいだだったのは、とてもラッキーだったんじゃないかな。時計を見るのがあと7秒遅かったら、きみはリサに電話しないよう僕にアドバイスしただろう」。再びだんだん腹が立ってきた。「何だか、きみの持論のひとつをもち出すために僕の恋愛関係を危険にさらそうとしたみたいだな」

「まったく違うよ、フレディ。きみは確実に電話をかけるようになっていた」

僕は少し驚いた。「僕の記憶が正しければ、秒数が0から20秒のあいだなら電話をかけるべきで、そうじゃなければ電話をかけるべきじゃないと、きみは言っていたよ。それに、あのときの秒数は14秒だったと記憶している」

「記憶は正しいよ。でも、僕はきみがリサに電話をかけるように仕向けることができたんだ」

僕は愚かにも、ゲーム理論を理解していたと思い込んでいたようだ。「ゲーム理論っていうやつの大事な点は、決断をランダムにすることによって、リサが電話をかけてほしいと思っているかどうかにかかわらず、長期的に同じ結果を得るところにあると思っていたよ」

「そのとおりなんだが、僕はきみが知らなかった情報を知っていた。リサから電話があって、きみと話をしたいということをね」

僕は少し混乱した。「でも、もし僕が時計を見るのが7秒遅かったら、どうなっていたんだ？　秒数は21秒になるだろう」

「そうなった場合は、秒数が21秒から40秒のあいだだったら電話すべきだと言うよ。前にも言ったかもしれないけれど、事前確率と事後確率は違うんだ。きみがあの図をつくるのに苦労しているのを見ていたし、きみは自分の状況がドローレスの問題と違う理由を理解してもいたから、ゲーム理論をもうちょっと詳しく学んでも損はしないだろうと思ったんだ」。ピートはひと呼吸置いてから続けた。

「ドローレスといえば、メキシコ料理を食べにいくってのはどうかな？」

恋愛関係がうまくいっていることほど食欲を刺激するものはない。男が食べたものは心を通ってから胃袋に入るのだ。

第13章 仕事の分担

「バンカーズ・クラブ」というものがあることを、僕は知らなかった。ピートもおそらく知らなかっただろう。しかし、依頼人になりそうなこの人物、エリス・パッカードはいかにも銀行員のように見え、かなり背が高い。身長は１９０センチ以上ありそうだ。スーツの色はその見かけにふさわしくグレー。乗ってきたメルセデスの色もグレー。依頼料として差し出された５０００ドルの小切手も、とても上品な色合いのグレーである。

もてなしが足りなかったばかりに５０００ドルの依頼料を失いたくなかったので、僕は飲み物を勧めてみた。彼はクアーズビールを選ぶと、依頼の内容を話し始めた。

「バンカーズ・クラブという名前を聞いたことがあるかどうかはわかりませんが」とパッカードは切り出した。僕たちは聞いたことがなかった。「それは銀行家のためのクラブなんですが」。たぶんそうだろうと思った。「いろいろな文化施設や娯楽施設をもっていて、メンバーたちをネットワーク化できるものなんです」

僕が世界の支配者になった暁にやろうと思っていることのひとつは、「ネットワーク」という言葉を動詞のリストから消して、本来の品詞である名詞に戻すことだ。ほかには、インスタントコーヒーと乳成分を含まないクリームを世界中のグロッサリーストアからなくしたいというのも優先課題だ。

でも、その話題には触れなかった。パッカードがクアーズビールを飲もうと、いったん言葉を切ったからでもある。それは暑くて乾燥した日だった。数口飲んだあと、彼は再び話し始めた。

「私は数年前にバンカーズ・クラブに入りました。出世街道をひた走る銀行家にとっては、クラブの委員会の仕事をするのが得策のひとつなんです。それで私は選挙委員会の委員に指名されました。それほど時間をとられないだろうし、敵もつくらないように思えましたので。委員になると、何人かの敵をつくる可能性は常にあるものですからね。委員会の仕事をなさったことはありますか？」

僕たちはふたりともそうした怪しげな喜びを経験したことがないので、ないと答えた。パッカードはビールの残りを飲み干すと、また語り始めた。

「クラブの会長の選挙が半年ごとに行われるんですが、これまでは、過半数の票を獲得した候補者がいないと、上位2人の候補者による決選投票になる決まりでした。決選投票になっても、誰もうれしくないんです。その期間には政治工作や中傷合戦が激しくなりますからね。それで私は、いいアイデアを思いついたんです。今年の候補者はフォレスト・アクロイド、ヘレン・ウィリアムズ、アーティ・モリスの3人なので、投票者が候補者に順位をつけられるように投票用紙を印刷すればいいのではないかと、私は提案しました。そうすれば、決選投票を防げると思ったんです」

この段階で、ピートが顔をしかめるのを僕は見た気がしたのだが、パッカードは明らかにそれには気づいていなかった。椅子に座った彼は少し落ち着かなさそうだった。もしかしたらビールをもう1本頼むのは銀行家にふさわしくないと思っているのかもしれないと僕は感じて、もう1本飲むかと訊ねてみた。彼はありがたそうにうなずき、喉が十分なめらかになったところで話を続けた。

「投票された用紙は全部で54枚だったのですが、それらを種類別に分けると実際には3種類しかありませんでした」。彼は1枚の紙を差し出した。「これが選挙結果のコピーです。集計を終えたあと、クラブの掲示板に貼り出しました」

その結果を下に示した。読みながら参考にしていただきたい。

僕たちが選挙結果を調べているあいだ、パッカードは話を続けた。「いまになってようやく、まずい状況になりつつあるということに気づき始めました。はっきりした勝者が誰もいないように思えるんです。次に選挙委員会が開かれるのは来週なので、そのとき結論を出すことになるでしょう。僕はクラブを出て、ラケットボールを何試合かしたあと、夜になってからまたクラブに戻りました」

「クラブのバーでペリエを飲んでいると、フォレスト・アクロイドが僕の隣に座っていることに、ふと気づきました。フォレストはトランスコンチネンタル・トラストの副理事長で、影響力のある人物のひとりです。彼は僕の背中を軽く叩いて挨拶してきて、驚いたことに、モンテレーの近くにある彼の地元で週末にゴルフをしないかと誘ってきました。ペブルビーチでやるんです。僕はずっとペブ

第1候補	第2候補	第3候補	得票数
アクロイド	モリス	ウィリアムズ	24
ウィリアムズ	モリス	アクロイド	18
モリス	ウィリアムズ	アクロイド	12

ルビーチでプレイしたいと思っていました」

その気持ちは理解できる。かつて「クロスビー・クラムベイク」と呼ばれていたゴルフトーナメントの放送を見たことがあるなら、その理由がわかるだろう。僕はゴルフをたいしてやらないが、ペブルビーチでプレイしてみたいと思う。とはいえ、確かあのゴルフクラブは会員制で、招待状が必要だったはずだ。

パッカードは時間を無駄にしない男だ。ローンを借りる必要があったら、彼に電話しようと頭に入れておいた。「ローン委員会は来週の火曜に開かれる」なんてことを言われないだろうと思ったからだ。「それで、当選者がまだ発表されていないことをフォレストから指摘されたので、私はこう伝えました。いまのところ選挙結果を掲示してあるだけで、選挙委員会は来週開かれる予定です、と。すると、第1位のなかでは最大の40%以上を獲得しているのだから、自分が当選したことは明らかじゃないか、と彼に言われました。そして、ペブルビーチはグリーンを外すと特にやっかいだから、アプローチとパットの調子を整えておくように、とも」

ピートは意識を集中して、投票結果の表をじっと見ながら、パッカードの話にも耳を傾けていた。パッカードはまた椅子の中でもじもじした。天候が蒸し暑かったからなのか、椅子の座り心地がよくなかったからなのか、それとも、生まれつきもじもじする癖があるのか、理由は定かでない。背が並外れて高い人は自分の体型に合っていない椅子に座らされることが多いのではないか、とも思った。

パッカードが話を再開した。「その翌日、クラブに顔を出したら、なんとランチのときに会ったのがヘレン・ウィリアムズでした。彼女はコンソリデーティッド・バンクシェアーズのCEOで、地元の銀行団体で影響力がとても強いんです。そうしたら、あるパーティーに誘われました。ＬＡの銀行業界で名だたる人たちが出席するパーティーにですよ。とても驚きましたが、ありがたく誘いを受けました。すると、何が起きたと思います？」

少なくとも僕らのひとりが期待に応えた。ピートがこう言った。「たぶんわかりましたよ。選挙委員会で自分を当選者に選んでほしいと、ウィリアムズに言われたんでしょう」

パッカードはそれを認めた。「そうなんですよ。アーティ・モリスを第1候補として選んだ投票者は4分の1に満たなかったので、アーティはおそらく当選しないだろうと、彼女は言いました。さいわいにも、それぞれの投票者が候補者に順位をつけていて、アクロイドよりも彼女を好んだ投票者が30人なのに対し、彼女よりもアクロイドを好んだ投票者は24人しかいないので、彼女を当選者とすべきなのは明らかです。パーティーを楽しんでほしいと、彼女に言われました」

またもじもじし始めた。気温はだいぶ下がったし、彼が座っているのは700ドルもした椅子だから、僕の考えは「生まれつきもじもじする説」に傾いていた。とはいえ、椅子はまだ新品同様で、革がまだ少し固くて座り心地が悪いのも事実だ。

ピートは話の流れをお見通しだ。「次に何が起きたか、当てさせてください。モリスから、自分が当選者だと言われたんでしょう」

「よくわかっていますね、ミスター・レノックス」とパッカードが認めた。「モリス本人から言われたわけではないんです。彼は僕と同じ銀行で働いているんですが、役職がいくらか上なんです。言われたのは、妹のシーリア・モリスからなんですよ」

「ちょっと待ってください」と僕が口をはさんだ。「シーリア・モリスって、身長が160センチ弱で、20代後半で、髪の毛が赤茶色で長くて、笑顔がすてきな人ですか?」

「彼女に会ったことがあるんですか」とパッカードが言った。

「数週間前にあるパーティーで」

パッカードは少し恥ずかしそうに訊ねた。「よろしければ教えてほしいんですが、彼女はパーティーにひとりで来ていましたか?」

僕は記憶をたどった。「どうだったかなあ。べっこう縁の眼鏡をかけていて、彼女にとても興味をもってそうな人を見かけましたが」

うなずいたパッカードの表情が険しくなった。「たぶんキャロル・ファーンズワースでしょう。公認会計士です。彼女が彼のことをどう思っているかはわかりませんが」。銀行の副頭取ともなると、なぜ公認会計士が競争を挑んでくるのか理解に苦しむのだろう。

「たぶん彼女は、税金の問題でも抱えていたのかもしれませんね」と僕は返した。

ピートが咳払いをした。「そろそろ本題に戻ったほうがいいよ」

「いや、まだ本題のままですよ」とパッカードが言った。「私はシーリアにデートを申し込もうと考えていたんですが、ファーンズワースと付き合っているような気がしていたんでね。少なくとも、あの電話を受けるまではそう思っていました。言うまでもありませんが、シーリアが電話してきたときはうれしかったですよ。ディナーとショーに誘おうかと思っていた矢先に、兄のアーティがクラブの会長になったらどんなにすばらしいかと、彼女は話してきたんです!」

「もうすっかり閉口しましたよ。どうしてそう思うか訊ねると、クラブの投票用紙がかなり複雑だったことをアーティから聞いたと言うんです。とはいえ、第1候補に3ポイント、第2候補に2ポイント、第3候補に1ポイントを与えるとすれば、アーティは120ポイント獲得します。ヘレンとフォレストは同点で102ポイントです。自分なりに頑張ってみましたが、ミスター・レノックス、アーティが選挙結果を持ってくるのを待ち望んでいるシーリアの姿を想像するのは難しいですよ。彼女がその結果を分析しようと待っていたなんて」

何か言わなければと、僕が口を開いた。「彼女はお兄さんにやらされたんだというのが、あなたの見方ですね」

パッカードはうなずいた。「彼女は広告の仕事をしていて、データをできるだけよく見せるのがうまいんです」。彼はひと呼吸置いてから、話を続けた。

「これで私の苦しい立場はおわかりでしょう。ペブルでのゴルフにも行きたいし、自分のキャリアのためにヘレン・ウィリアムズのパーティーにも出席したいし、シーリア・モリスとの関係も進展させたい。しかし、どうやっても、3つの機会のうち2つを失うだけでなく、何人かの敵をつくることにもなる。どうしていいかわかりませんよ、ミスター・レノックス。ペブルで週末を過ごすか、ウィリアムズのパーティーに出席するか、シーリア・モリスとの関係を損なわないようにするか。私は5000ドルかけてでも、この問題を解決したいんです」

不景気だとはいえ、銀行家はいまでも金回りがかなりいいのだろう。とはいえ、ここは僕が口をはさまなければならない場面だ。人間関係はピートではなく、僕の得意分野だから。

僕は依頼料の小切手を物欲しげに眺めたが、どこかで線引きは必要だ。「僕たちの仕事は問題を解決することですが、恋愛相談は受け付けていないんです」

パッカードはうなずいた。「シーリアについては僕の問題です。彼女は選挙の問題を複雑にしているだけですから。とにかく、何か妙案はありそうでしょうか？」

ピートが立ち上がった。「どうするのがいいか、一両日中に知らせましょう、ミスター・パッカード。お越しくださってありがとうございます」。パッカードは僕たちと握手を交わし、帰っていった。

僕は楽観的な気分だった。パッカードの問題は明らかに数字が関係しているし、さいわいにも僕たちには数学の専門家がいるからだ。

「さてと、ピート、この問題を数学でどうやって解こうか。3人の候補者それぞれがかなり妥当な主張をしているように思えるんだが」

ピートが顔をしかめた。「ああ、確かにね。数学を使ってあれこれ言うことはできるんだが、数学でこの問題を解決することはできないよ」

僕はその言葉にかなり驚いた。ピートが帽子からウサギを出す手品のように妙案を出してくる姿を見慣れているので、今回もまたウサギの耳ぐらいは見られるんじゃないかと思っていたのだ。

「数学を使ってあれこれ言うことはできても、問題を解決できないなんて、いったいどういうことだ？」

ピートは首を振った。「『アローの不可能性定理』という、きわめて重要な研究成果があるんだ。ケネス・アローはその成果によって、1972年にノーベル経済学賞を受賞した」

子どもが最新のヒット曲の歌詞を覚えているように、ピートはこうした知識を出してくる。クイズ番組が流行らなくなったのは、本当に残念だ。とはいえ、「不可能性」という言葉が引っかかった。不吉な何かをはらんでいる。僕はそれについて発言した。

「何か嫌な言葉だな、ピート。『アローの不可能性定理』って何だい？」

「その正確な定義は小難しいんだが、簡単に言うと、社会を構成する個人の好みを正確に取り入れた制度を考案するのは不可能だということ。今回の問題がまさにこれに当てはまる」

選出方法の説明は２２５ページに続く。

「完全には理解していないと思うんだが、何だか、５０００ドルにサヨナラするっていうことのように思える」

「ひと晩寝かせることにするよ」。ピートは実質的にあらゆる問題に対する解決策として、ひと晩寝かせる方法をとる。左脳で決断のもとにするデータを集め、右脳で正しい決断にいたるための洞察を得るというのが自分の考え方だと、以前ピートから聞かされたことがある。睡眠によって右脳の隠れた力が解き放たれるのだという。僕に言わせれば、それは自分が寝るのが好きだという事実にもっともらしい理由をつけているだけだと思うのだが。

僕はひと晩寝かせるなんてことはしない。問題というのは寝かせるのではなく、取り組むことによって解決するものだと、僕は考えたい。それに、ピートに解けない問題を自分が解けたら、胸を張れるではないか。だから、ピートが寝ているあいだ、僕は考えていた。誰にもじゃまされずに考える時間はたっぷりあった。ピートは、問題を16時間もぶっ通しで寝かせたからだ。

十分に目が覚めた彼は不機嫌そうな表情で、その自慢の右脳で何も思いつかなかったというのが明らかだった。彼はそう告白した。

「すまない、フレディ。パッカードに電話して、こちらの状況を説明したほうがよさそうだ」

僕の出番がやって来た。「そこまでしなくていいんじゃないかな。僕もずっと考えていて、解決策になりそうなものを見つけたんだ」

ピートは急に元気になった。窓から飛んで消えたと思っていた5000ドルが舞い戻ってくるかもしれないと思ったら、誰もがそうなるだろう。「話を聞こう」

「パッカードに連絡して、選挙に関するあらゆる書類のコピーをもらうんだ。まずは、クラブの規約や実際の投票用紙だな。選挙が無効になる何かがどこかにあるかもしれない」

ピートがこっちを見た。「確かにそうだな。どうして思いつかなかったんだろう」

ピートに認められた気がして、僕はうれしかった。「たぶんきみは、ノーベル賞受賞者が解けなかったんだから自分に解けるわけがないという考えにとらわれていたのさ。とにかく、パッカードに電話して確かめてみよう」

破ることができない契約に勝るものはないと、ある弁護士に言われたことがある。僕はニューヨーク時代に契約書を精査した経験がたっぷりある。今回の案件はあっけなく解決した。クラブの規約では投票用紙に投票日を記載しなければならないと決まっているのだが、今回の投票用紙には投票日が印刷されていなかった。僕たちはパッカードに電話してこの朗報を伝え、クラブの前例に従って投票用紙を再発行するように勧めた。

数日後、パッカードが元気いっぱいの声で電話をくれた。「すみません、あまり時間がないんですが、出かけるのに荷物の準備をしていまして。あと1時間かそこらで、ペブルビーチに向かいます。でも、ウィリアムズのパーティーにも出席できるんです。それで、フレディさん、あなたの言うとおりでした。シーリア・モリスは公認会計士と別れたようで、僕といっしょにディナーに行ってくれることになりましたよ！」

僕たちはそれを聞いてうれしかった。パッカードはこの結果にかなり満足したようで、当初の依頼料に加えてさらに３０００ドルを送金してくれるという。僕たちはこのありがたい申し出を断るような不作法な人間では決してない。

「なあピート」。後日、僕はこのときのことを振り返って言った。「あの抜け穴を見つけられなかったら、僕たちはどうなっていただろうか」

「そりゃあもう、依頼料を返しただろうな」

依頼料の返却は僕のあらゆる信念に反する。「どうしてそうしたと思うんだ？」

「フレディ、数学の定理で不可能とされていることは、完全に不可能なんだ。『困難は今日やる、不可能は少し時間がかかる』という言葉はあるが、その不可能とは違う。少なくとも数学的な観点からは、彼の問題を解くことができなかったんだ。その不可能を回避する方法をきみが見つけてくれてよかったよ」

「ピート、こうしたらどうだろう。仕事の分担の仕方を新しくするんだ。きみは可能な案件を担当する。不可能な案件が出てきたら、僕に教えてくれ」。正直にいうが、僕は調子に乗っていた。

後日、パッカードの小切手が届いた。ピートはそれを満足そうにしげしげと眺めている。

「これで8000ドルの収入だよ、フレディ」

「保険として50ドルの支出を除いてね」と僕が言った。

ピートがぽかんとした表情を見せた。「保険?」

「ああ、ちょっとした保険をかけておいたほうがいいと思ってね。パーティーでシーリア・モリスと会ったという話をしたよな。詳しい話は省略するが、彼女はパーティーでずっとあのファーンズワースという男といっしょにいたわけではなく、どうやら本当に税金の問題を抱えていたようだ。いずれにしても、ファーンズワースは明らかにそのことよりも彼女自身に興味をもっているようだったけれど。それと、僕が車に乗ろうとしていると、彼女は黒のレクサスに乗り込んで、自分で運転して帰っていったよ。彼女が十中八九フリーだということは、探偵じゃなくてもわかるだろう」

「彼女は電話帳に載っていた」と僕は続けた。「だから僕は、パッカードの名前で10本ほどのバラの花束を勝手に送っておいたんだ。きみは相場を知らないかもしれないから念のため伝えておくと、そのバラの花束が50ドルってわけさ」

第14章

クオーターバック騒動

それはクリスマス前夜のことだったが、家の中では人が動き回っていた。ピートは1年おきにクリスマスパーティーを開いているのだが、今年は開く側ではなく、パーティーの誘いを受けるほうの年で、僕たちは6つのパーティーへの招待状を受け取っていた。パーティー会場はＬＡ全域に散らばっている。

銀行口座には十分にお金が入っているし、ピートは来たるべきＮＦＬのプレーオフやスーパーボウルの準備に没頭していた。だから僕は、彼がフットボールの決戦に集中できるように、パーティーを訪れる行程を計画することにした。クリスマスには道路は混んでいないので、多少予定がずれても大きな問題にはならない。だから僕は、それほど頭を悩ませることはなかった。すでに夜がふけていたし、僕は少し眠かったのだが、予定を組んで、ピートに見せた。だが、彼はその予定が気に入らなかったようだ。

「もっとよくなると思うんだけど、フレディ」

さっきも言ったように、僕は眠い。「そんなに悪くないと思うけどね。まずマリブのハービー・ダベンポートのパーティーに行って、そのあとはいちばん近いパーティーに向かう。つぎもまたいちばん近いパーティーに行く。それを最後まで繰り返すんだ」

ピートは首を振った。「道路は混んでいるよ」。クリスマスの交通量について、ピートは僕とは違う見解をもっているようだ。しかし、彼のほうがLAの事情に詳しいのは確かだ。

「渋滞にはまる時間をできるだけ少なくしたいんだ」とピートが続けた。「巡回セールスマン問題を解くうえで『最も近い隣人』のアルゴリズムはきわめて非効率的になりうる」

僕はまだ眠かった。「何それ?」

ピートはフットボールについて何やら書き込んでいた紙を置いて、ペンと紙を取り出した。それから、少し時間をかけてこのような表を書いた。

「こういうことだ。この表は、異なる4カ所のあいだの距離を示している。たとえば最初にAに行くとすると、Aにいちばん近い都市はDだから、移動距離は20マイルになる。訪問していない都市でDからいちばん近いのはBで、距離は35マイルだ。すると最後にはCに行かざるをえなくなるから、60マイルを移動することになる。合計の移動距離は20＋35＋60＝

	A	B	C	D
A	–	25	30	20
B	25	–	60	35
C	30	60	–	40
D	20	35	–	–

115マイルだ」

僕にとって数字の羅列ほど眠くなるものはない。だが、そもそも僕は最初からかなり眠かった。だから、真剣に集中して聞けば、早く眠れるかもしれないと思った。

「いまのところはついて行っているよ、ピート。どこが問題かわかった気がする。その60マイルの移動を避けたいというわけだね。そこが問題だ」

「そのとおり。AからBへ行ったあと、BからDに向かい、最後にDからCに行くほうがいいんだ。移動距離は25＋35＋40＝100マイルになるからね。ほかの情報がなければ、このほうが明らかにいいルートだ」

僕はあくびをした。「それで、きみは最善のルートを導き出す手っ取り早いやり方を知っているわけだね」

「いや」

「なんだって?」。ピートが問題の解き方を知らないと告白するのを聞くのは、彼が今度のフットボールの試合でどのチームを選ぶか決められないと打ち明けたときぐらいの驚きだ。

「手っ取り早いやり方はわからない。世界有数の数学者でもわからないよ。あらゆるルートの組み合わせを列記して、それぞれの移動距離の合計を計算する以外に、最短ルートを選ぶ手っ取り早いやり方はない。これは、『巡回セールスマン問題』として知られているんだ」。ピートはその言葉を、強調するようにゆっくりと口にした。

巡回セールスマン問題の説明は217ページに続く。

「それは驚きだな。だけど、僕は眠いんだ。僕の立てた計画が気に入らなければ、自分で立ててみたらどうかな」。僕はまたあくびをして、部屋に向かった。「僕は煙突のそばにきちんと靴下を吊り下げておくからな。おやすみ」

翌朝、プレゼントを開けて、遅いブランチを食べ終えると、僕たちはパーティーを巡る長旅に出かけることにした。出発の準備をしていると、ピートがコンピューターのプリントアウトを手渡してきた。

「何これ?」と僕は訊いた。「もうひとつのクリスマスプレゼントかい?」

「ゆうべきみに言われたとおりにしてみたよ。コンピューターのプログラムを書いて、あらゆるルートの組み合わせを列挙して、移動距離を計算してみた。これが最短ルートだ」

僕は運転手を務めることになっていたので、それを見た。まずはいちばん南のオレンジ郡に行き、そこから北上してロングビーチに向かい、ビバリーヒルズでいくつかのパーティーに顔を出してから、最後にハービー・ダベンポートのマリブの邸宅での祝宴に参加してクリスマスを締めくくる。ハービーはアメフトのレイダースの大株主だ。レイダースは最近オークランドからロサンゼルスに(再び)拠点を移し、コロシアムで(再び)プレイしていて、ロサンゼルスにも(再び)熱心なファンをもっている。僕たちはハービー・ダベンポートの会社のひとつで個人的な小さい問題を解決する手助けをしたことがあったので招待されたのだ。

驚いたのは、ダベンポートが僕たちを覚えていたことだ。パーティー会場に着いたとき、ダベンポートが全員の顔を覚えていたのも少し驚いた。彼は僕たちを熱烈に歓迎してくれた。「あのときの探偵さん！　メリークリスマス！」

僕たちもメリークリスマスとすぐに返事した。最初、僕たち探偵への友好的な反応をもたらしたのは僕たちの挨拶だと思っていたのだが、ピートが先を見越して被っていたレイダースの帽子が大きな効果を発揮したのだと、あとになって判明した。ダベンポートはピートの肩に手を回して言った。「土曜日は何をするつもりだい、バディ？」

何か深い意味のある質問のようには思えなかったので、ピートは率直に答えた。「テレビの前に陣取って、ワイルドカードの試合を見るつもりですよ」

この答えのあとも、ダベンポートが僕たち探偵への友好的な態度を弱めることはなかった。「だったら、きっと今日はきみたちにとってラッキーな日だな、バディ」。ダベンポートは、名前を思い出せない人を誰でも「バディ」と呼ぶタイプの人物なのだろう。「フィル・ドナルドソンと奥さんが土曜日にハワイへ行くことになってね。きみたちふたりで、コロシアムのスカイボックスに座って試合を見るというのはどうかね？」

「ぜひ行きたいです！」とピートは大喜びで言った。

「すばらしい！」。気前のいい自分の申し出が温かく受け入れられたことに、ダベンポートは喜んだ。「正午に予約チケットの引き渡しカウンターに行って、ミスター・ダベンポートからもらったチケットを受け取りに来たと伝えるんだ。そのあと『ジンジャーブレッド』と言ってくれ」。ダベンポートはそう言うと、パーティーに来たほかのゲストと歓談しに立ち去った。僕たちはそのあと数時間をパーティーで過ごしてから帰宅した。言うまでもなく、ダベンポートから思いがけないボーナスをもらってピートは大喜びで、翌日にはライン（ハンデ）がマイナス4のレイダースへの賭け金を300ドルに上げた。

土曜の朝は晴天で、陽光がさんさんと降り注いでいた。僕たちは早くからコロシアムに向かい、午後1時のキックオフどころか、正午のチケット引き取りにも十分すぎるほどの時間があった。その日盛り上がっていた話題は、クオーターバックとして先発するのが、レイダースの熟練のスター選手ボビー・ジョー・ホイットニー、控えのダン・ドリスコル、注目のルーキーであるマイク・スタンコウィッツのうちの誰かというものだった。

レイダースはシーズン序盤でつまずいていた。噂では、ボビー・ジョーはけがをしていたのだが本人がそれを認めなかったのと、ドリスコルがレイダースの組織にうまくなじんでいなかったからだという。シーズン中盤、チームは4勝4敗と冴えない成績で、5年ぶりにプレーオフ進出を逃すのではないかとみられていた。ＬＡのメディアから非難を浴びていたコーチは、思いきった決断を下す。シーズン9試合目の弱小チーム相手のホームゲームで、スタンコウィッツを先発させることにしたのだ。スタンコウィッツは数百万ドルの契約でワシントン州立大から入った選手で、入団にあたって、高校時代のコーチであるヒュー・ドライデンをいっしょに連れてきた。ドライデンは、この大男が稼ぎ頭になる可能性を秘めていることに早くから気づいていた。スタンコウィッツは数多くの強豪チームからのオファーを蹴って、ドライデンをアシスタントコーチとして迎え入れてくれたワシントン州立大に入団した。レイダースとも、ドライデンについて同じ契約をしていた。

レイダースは後ろを決して振り返らなかった。スタンコウィッツは最初の試合で350ヤードを獲得し、タッチダウン4回、インターセプトなしという成績を上げた。レイダースはシーズン後半を6勝2敗で乗りきってプレーオフに進出し、ワイルドカードを争ってピッツバーグ・スティーラーズと戦うことになった。

「ジンジャーヘッド」という魔法の言葉を告げてダベンポートのスカイボックスへと入った僕たちは、「よく来たな、バディ！」というホストの言葉で迎えられた。驚くほど座り心地のよい椅子に案内され、双眼鏡を手渡された（ご想像どおり、スカイボックスからフィールドまでは結構な距離があるのだ）。

ダベンポートは現場主義の経営スタイルが好きなようだ。隣のスカイボックスでは、大きなガラス窓のそばにPCといくつかの座席が用意され、そこからフィールドのコーチに指示が出せるようになっている。いまはチームの特別コーチであるトム・ウッドハウスと、先ほど触れたヒュー・ドライデンが陣取っている。ヘッドセットを頭に着け、プレーブックや色とりどりのグラフを見ているふたりの姿は、NASAの宇宙管制センターを思い起こさせる。ふたりとも見るからに忙しそうで、「じゃまするな」モードに入っていることは明らかだ。

ピートは双眼鏡で試合前の準備をじっと見ていた。いつの間にか時刻は12時45分、キックオフまであと15分という時間になっていた。レイダースがフィールドにゆっくりと入場してきた。ピートはまだ双眼鏡でじっと見つめている。すると僕は、スカイボックス全体に落ちつかない空気が流れ始めたのに気がついた。

「おかしいな」とダベンポートが言った。「スタンコウィッツはどこだ？」

スカイボックスにいるほかのメンバーが、双眼鏡でフィールドを見た。誰にもわからないようだ。ウッドハウスとドライデンはダベンポートの発言が聞こえたはずだが、戦術を練る作業に忙しいのか、周りのできごとを気にする様子はなかった。

「トム！」とダベンポートがウッドハウスにぴしゃりと言った。ウッドハウスが背筋を伸ばした。僕もああやって雇い主に命令されたら、同じ行動をとるに違いない。

「はい、ミスター・ダベンポート」

「コーチに電話して、スタンコウィッツの居場所を訊け！」

ウッドハウスは指示に従った。短いやり取りがあった。「チームがロッカールームを出てから、誰も彼の姿を見ていないそうです」

「誰かをロッカールームに行かせて、すぐに彼を見つけ出せ。見つからなくて、コイントスに勝ったら、キックオフしろ」

「すぐにやります、ミスター・ダベンポート」

すでに観客席は盛り上がっていた。古代ローマ建築のようなコロシアム正面の時計の針は、1時数分前を指している。両チームのキャプテンがフィールド中央へ向かい、コイントスの儀式に臨もうとしていた。

そのときウッドハウスが声を上げた。「彼が見つかりました。ロッカールームで、床に倒れていたんです。意識を失ったか何かしたようです。彼の脇には食べかけのバナナが転がっていました」

ピートは双眼鏡を下げて、聞き耳を立てた。何が起きたのかわからず、ぽかんとしていた僕を見て、彼は言った。「スタンコウィッツは試合前にいつもバナナを3本食べるんだ。バナナはカリウムと炭水化物が豊富だから」

これが事件になるとは、この時点で僕たちは考えていなかったと思うのだが、少なくともピートは捜査に乗り出していた。試合が始まり、スティーラーズは第3ダウンまで攻撃したあとにパントした。レイダースが自陣の35ヤードでボールを持つと、ボビー・ジョー・ホイットニーがレイダースの攻撃の指揮をとるべくフィールドに入った。

「マジかよ！」とピートが吐き捨てるように言った。

「どうしたんだ？」と僕が訊ねた。

「ホイットニーは調子がよくない。この2カ月近く、試合の結果が決まった時間帯でしかプレイしていないし、胸を打撲しているんだ。まずいな」

僕はピートやほかの賭け手たちとの付き合いがだいぶ長いので、賭け手はあるチームに賭けることで、たとえ自分の心の中だけであっても、そのチームを一時的に所有する資格を得られるのだということを学んでいた。優勢とみられていたレイダースは勇敢に戦い、前半を10対10の同点で折り返した。スタンコウィッツの容体についての報告はひっきりなしに入ってきていた。

その報告はとても気がかりなものだった。食べかけのバナナの成分を分析したところ、そのバナナに薬物が混入していたことが判明した。ロッカールームには選手が食べるための果物がたくさん用意されていたはずだから、バナナに薬物を混ぜた人物は、ほかの誰かではなくスタンコウィッツがバナナを食べるようにどうやって仕向けたのだろうかと、僕は疑問に思った。その疑問はトレーナーの証言で解消された。スタンコウィッツは少しだけ熟れたバナナが好きで、たいてい早く来て3本選び、それを取っておくのだという。だから、それに薬物を混入するのは誰でもできたわけだ。

スタンコウィッツが復帰してチームを率いることができなかったとはいえ、試合自体は本当におもしろかった。両チームの得点差は広がらず、1回タッチダウンがあればすぐに逆転されるような接戦が続いたのだ。残り1分半の段階で1点リードされていたレイダースは、自陣の8ヤードラインでボールを支配すると、最後の懸命な追い上げに取りかかった。ホイットニーは時計との戦いを繰り広げ、対するスティーラーズは攻撃を阻止した。ホイットニーはけがを抱えていたとはいえ、この10年間の大部分にわたってレイダースのナンバーワンとして君臨した才能を随所で見せた。そして残り3秒というところで、フィールドゴールを懸けた45ヤードのキックという局面になった。シーズンの結果を左右するこの場面で、ボールはクロスバーに当たってゴールを通過した。レイダース19点、スティーラーズ17点。

言うまでもなく、スカイボックスは歓喜に沸いた。大騒ぎや歓声が落ち着いたあと、ピートがダベンポートの脇で何やら二言、三言ささやくのを僕は目撃した。最初、ダベンポートは困惑したように見えたが、そのあと理解を示したようだった。

僕たちは車に乗って家へ帰った。ピートが浮かない表情をしていたので、僕は励まそうとした。

「元気出せよ、ピート。これまでも負けたことはあるだろう。300ドル失ったって、世界が終わるわけじゃない」

「550だ」。彼は悔しそうにつぶやいた。

「なんだって？」

「レイダースに300、両チームの合計得点が37・5より大きいという賭けに200、手数料が50だ。

とはいえ、分析は正しかった。スタンコウィッツがいれば、当たっていただろう。ボビー・ジョーはけがを引きずっていて、短いパスしか出せなかった」

手数料の説明は322ページの「スポーツ・ベッティングの概要」を参照。

家に近づいたとき、僕はふと思った。「ところでピート、試合が終わったあと、きみはダベンポートと何か雑談していただろう。何を話していたんだ？」

「ちょっと思いついたことがあってね。たぶん、それほどたいしたことじゃないよ」。ピートが珍しく話したがらなかったので、僕は話題を変えた。

翌日、少し時間があった僕は、「バナナに薬物を入れた犯人探し」をしてみた。すでにこの話題は、LAで人気のクイズ番組と肩を並べるぐらい注目されていた。新聞各紙によれば、犯人の筆頭候補はトレーナーだという。彼は明らかに、選手の食生活を最もよく知っている人物だ。ボビー・ジョー・ホイットニーにも容疑がかかっている。彼はオプション契約の年を終えつつあり、自分がチームに必要な選手であることをここで示しておかなければ、翌年のマーケットで価値が一気に落ち込むことになるだろう。さらに、犯人はスタンコウィッツ自身だという見方もある。クオーターバックのスター選手である彼が出場できなかったあの試合には、天文学的な額の賭け金がつぎ込まれていただろうから。ピートはまだそれについて語ろうとしなかった。

翌日は大みそか。朝10時にドアベルが鳴った。それはピート宛ての封筒を携えた配達人だった。ピートはそれにサインすると、クリスマスの朝の子どものように顔を明るくした。最初に僕が見たのは、来年のレイダースの試合を観戦できるシーズンチケットだった。エキシビション・ゲームやプレーオフも観戦でき、さらには駐車場代も含まれている。駐車場代はLAのスポーツイベントでは、試合のチケットと同じくらい貴重なこともあるのだ。2つ目は「ハービー・ダベンポートのデスクより」と記されたメモで、「きみは正しかったよ、バディ」と書かれていた。そして「最高にうれしいで賞」に輝いたのは、3つ目のものだ。それはレノックス&カーマイケル宛てに発行された1万ドルの小切手だった！

バナナに薬物を混ぜた人物をピートがダベンポートに教えたのだということは、たいして考えなくてもわかった。そうじゃなければ、1万ドルももらえないだろう。

「試合が終わったあとダベンポートにささやいていたのは、それだったんだな」と僕は言った。

「ああ」。ピートはいつになく口数が少ない。

「降参だよ。しばらく考えてはみたんだけれど。LAに住んでいる誰もがそうしたと思うんだが。いったい誰が犯人だ？」

「僕も確信はなかったんだが、ヒュー・ドライデンがいちばん怪しいと思ったんだ」

「ドライデン？　でも、彼はスタンコウィッツがいなければ仕事がないだろう。実際、ハイスクールのコーチだった頃からずっと、スタンコウィッツにおんぶにだっこだったじゃないか！」

「そこが重要なんだ」。ピートはコーヒーを自分のカップに注いだ。「スタンコウィッツが出場していないことに気づいたときの様子を覚えているかい？　ドライデンは何をしていた？」

僕は記憶をたどった。「行動に変化はなかった。ウッドハウスといっしょに試合のプランを練っていた」

「僕が理解できなかったのは、そこなんだよ。ドライデンにとっての収入源であるスタンコウィッツが、キャリアのなかでいちばん大事な試合に出てこないんだ。ふつう心配して、いても立ってもいられなくなると思わないかい？　でも彼は、何事もなかったようにそのまま仕事を続けていた」

僕は驚いて彼のほうを見た。称賛する気持ちもかなり混じっていた。「ピート！　まさかきみは人間の性質の研究に目覚めたっていうのかい」

彼の顔は赤く染まりかけた。「いや、確信はなかったんだよ。だから僕は、チームをつくってドライデンを監視するべきだとダベンポートに言ったんだ。彼が本性を現す瞬間があるから。何かを隠そうとしたり、賄賂を受け取ったりするとかね」

僕は銀行が閉まる前に小切手を口座に入れようと、銀行に向かった。大みそかには銀行が早く閉まるし、僕は小切手を換金できるかできるだけ早く確認したい人間なのだ――たとえそれが、ハービー・ダベンポートのような人物が発行したものであっても。僕は良心が痛んで仕方がなかった。とはいえ、ピートと僕はパートナーどうしであり、ときには僕が半分以上をこなす仕事もある。どうすべきか悩んだが、何とか満足いく解決策を考え出した。僕たちの共同口座に９４５０ドルを入金し、残りの550ドルを賭けでの損失補填としてピートに渡すことにした。おそらく今回の場合は、正当な必要経費にあたるだろうとの判断だ。結局のところ、ピートがプログラムで巡回セールスマン問題を解いたから、ハービー・ダベンポートが余ったチケットを持っているタイミングで僕たちはパーティー会場に着き、1万ドルを手にしたのだと、僕は考えた。

今年の大みそかには、外に出かける気分にはならなかった。休日の前後には寂しさでいっぱいになり、気分が落ち込むことがある。ピートは最近ジュリー・ライデッキ（10章に出てきた女性）と付き合い出して、しゃれたナイトクラブ風のレストランを予約していたのだが、ジュリーが流行中のインフルエンザにかかってしまったので、予約はキャンセルすることになった。

寂しい気分はいっしょにいる仲間が悪いといっそう強くなることも多いし、カップルであふれたパーティーにも行く気にならなかった。ピートも同じ気持ちだったので、僕たちは室内のグリルでステーキを何枚か焼いて、簡素に新年を祝うことにした。大みそかには必ずフットボールの試合がやっている。僕はやることも特になく、誰もいないゲストハウスに戻りたくもなかったので、ピートといっしょに試合を観た。この少しあとには、ジュリーが少しだけ出演した『高慢と情熱』のエピソードが再放送される。彼女がインフルエンザで寝込まなければ、ピートは彼女といっしょに観るつもりだったに違いない。覚えている読者もいるかもしれないが、僕たちは初回の放送のときにそのエピソードを見逃してしまい、録画もしていなかったから、ピートにとっては再び訪れたチャンスだった。それを観終わり、真夜中の30分ほど前に彼がジュリーと電話し始めたところで、僕は席を立った。ピートに新年のお祝いを告げると、僕はゲストハウスに戻った。

僕は明かりをつけた。

「新年おめでとう、フレディ」

自分の耳は信じられなかったが、目ではその声の主がはっきり見えた。リサだ！　彼女がそこにいるだけではない。その体にまとっていたのは、ワンオフショルダーの黒いドレスだ。僕はその姿を見るたびに心を奪われてしまう。

「そうこなくっちゃ」。僕は何とかそのひと言を口にした。お互いに何か質問しようと口を開いたが、最初に出てきたのはこの2つだった。「どうやって入ったの？　僕がドアの鍵をかけ忘れたのかな？」

「いいえ、ピートが鍵を送ってくれたの」

僕はあっけにとられた。「あいつが、何だって？」

「彼が鍵を私に送ってくれたのよ。彼に電話して伝えたんだ。私の会社がロサンゼルスにオフィスを設けることになって、私はそのトップにならないかって誘いを受けたの。前に、新しい仕事の話があるけどそれを逃したくないって、電話で言ったよね。その話よ。それで、新年にあなたを驚かせたいって言ったの――あなたが驚かされたければの話だけど。そしたらピートは、あなたが驚かされたいかどうかの賭けがベガスで設定されていたとしたら、それは賭けにはならないだろう、って言ったのよ。それはイエスって意味だと、私は受け取った」

ピートがこの件に関する僕の気持ちを見定めたのが、ヒュー・ドライデンを監視すべきだとハービー・ダベンポートに言う前か後かは知らないが、たぶんピートは本当に人間の性質を研究し始めているのかもしれない。

リサが少し間を置いた。「ここはちょっと寒いわね」。その発言は、彼女が身にまとったドレスと関係があるのかもしれない。「暖炉に火をつけてほしいな」

僕は昔ながらの暖炉に向かった。すでにリサが、薪とたきつけをきちんと並べてくれていて、その下には火種にするための紙まで敷いてあった。探偵は鋭い観察力を身につけているもので、リサは古新聞があるにもかかわらず、それを火種の紙として使っていないことに、僕は気づいた。いったい何の紙なのか確かめようと、僕は顔を近づけた。それはなんと、僕たちの別居合意書だ！

「火をおこすのにちょうどいいね」と僕は満足げに言った。

煙が充満して警報器が鳴ってしまったら、このひとときが台無しになる。僕は排気管が開いていることを確かめてから、マッチに火をつけた。合意書が燃え、そして火がたきつけに燃え移るのを、僕たちはじっと見つめた。薪に火が移り始めた頃、時計は真夜中を告げた。サイレンやクラクションの音が鳴り響く。いつもの新年と同じように、サンタモニカの隣のベニスのほうから祝砲が聞こえてきた。

「あけましておめでとう、リサ」

僕たちは唇を重ねた。これは単に新年を祝うキスではない。しばらくしてお互いに体を離すと、リサが訊いた。「ピートのところに行って、新年の挨拶をしたほうがいいかな？」

「朝まで待ってもいいんじゃないか」と僕は答え、彼女をぎゅっと抱きしめた。

訳者あとがき

妻と別居し、人生をやり直そうとニューヨークからロサンゼルスにやってきた失意の私立探偵。大農場の裏にある小さなゲストハウスを借り、なじみのエージェントからさっそく依頼を受けて、不動産取引をめぐる陰謀の証拠写真を撮影する仕事に乗り出す。しかし、ある人物から指定された撮影現場は4カ所に散らばり、時間帯も重なっていて、すべてを指定の時刻に撮影するのは不可能だ。そんなとき、途方に暮れていた探偵を助けてくれたのが、ゲストハウスの大家だった……。

大家のピート・レノックスはスポーツ・ベッティング（スポーツを対象にしたギャンブル）にはまっていて、数学が得意。私立探偵フレディ・カーマイケルがぶち当たる難題を、ピートは集合論や確率、ゲーム理論といった数学の専門知識を駆使していとも簡単に次々と解決していく。

ロスの名コンビ、ピートとフレディが解決に挑む事件は、市議会議員による横領疑惑から、宝石の盗難、スポーツをめぐる不正行為、さらには殺人事件まで多岐にわたる。それぞれの事件はひとつの章で完結するものの、主要な人物が全14編を通じて登場し、連作短編集のような構成になっている。

ホームズとワトソンをはじめ、コンビが事件を解決していくミステリー小説はよくあるし、連作短編という形式も決して珍しくはない。しかし、本書が数々のミステリーと一線を画しているのは、その著者が数学者であるということだ。

著者ジェイムズ・D・スタインはアメリカのカリフォルニア州立大学ロングビーチ校の名誉教授。著書の邦訳には『不可能、不確定、不完全――「できない」を証明する数学の力』（早川書房）がある。スタインがこの本を書こうと思ったのは20年以上も前のことだ。大学のリベラルアーツ（一般教養課程）で数学を教えていて、新たなタイプの数学の教科書をつくりたいと思い立った。もともとミステリーやSFの短編小説を読むのが大好きだったスタインは、一般教養課程の数学で取り扱うトピックの基本概念を盛り込んだ短編集をつくれば、学生にとって、どんな数学の教科書よりも理解しやすい本になるだろうと考えたのだ。しかし、その本を出版してくれるはずだった出版社が他社に買収され、会社の方針が変わって、この本もいったんは出版中止に追い込まれた。

再び執筆への意欲が湧いたのは、20年ほど経ってから。同じく教育者でもあったSF作家ロビン・スコット・ウィルソンの短編を読んで、刺激を受けたのだ。古いワープロソフトで書いていた以前の原稿を苦労の末にマイクロソフト・ワードで読める形式に変換し、執筆を再開した。久しぶりに読み返した自分の作品については、自画自賛を認めつつも、「どの作品もきわめて読みやすいし、いくつかの作品にはそれ以上のものがあると感じた」と語っている。

原書の版元であるプリンストン大学出版局のウェブサイトに掲載された著者へのインタビュー記事によれば、スタインが影響を受けたミステリー作家は、エラリー・クイーンとアガサ・クリスティ、レックス・スタウトだそうだ。スタウトによる名探偵ネロ・ウルフのシリーズは助手のアーチー・グッドウィンが語る形式になっているが、スタインはネロとアーチーの関係を本書のピートとフレディの関係になぞらえる。ネロは美食とラン栽培に目がなく、ピートはスポーツ・ベッティングに夢中と、ふたりとも何かにはまっているし、アーチーやフレディに促されて事件にかかわっていくという共通点があるのだという。

一般教養課程の数学を教える苦労について、スタインは次のように語る。「学生たちは単位の取得に必要なことだけを覚えて、1年後には学んだことをすっかり忘れてしまう。でもそれは意外なことではない。一般教養課程の数学ではふつう、彼らのような学生たちが興味をもつような内容を教えるわけではないから」

数学者であるスタインは自分の学生時代を振り返り、歴史の講義で学んだことは全然覚えていないと告白している。大学を卒業するために専門外のことも学ばなければならない学生たちの身になって、本書を執筆したというわけだ。短編のなかで読者に無理やり頭を使わせるようなことはしていないので、ふつうのミステリーを読むつもりで、まずは肩の力を抜いて読み始めてほしい。

途中にはピートとフレディのそれぞれにロマンスが訪れるし、いつもは冷静に事件を解決するピートが取り乱し、ドタバタ劇のような騒動が巻き起こる場面もある。

スポーツ・ベッティングやアメリカンフットボールといった、日本の読者にあまりなじみのない話題が多いのだが、わかりにくい部分や知らない単語が出てきても、とりあえずそこは読み飛ばして、ふたりがあざやかに事件を解決していくストーリーを楽しんでほしい（フレディと別居中のリサとの関係がどうなるのか、ふたりの行方にも注目だ）。

そして、ストーリーに盛り込まれた数学のトピックにも興味をもってもらえるとうれしい。特に、預金やローンの複利の仕組みは知っておいて損はないと思う。著者が付録に書いているように、「お金を借りるときのコストを理解するだけで、一生のうちで多額のお金（もしかしたら想像以上の金額）を節約できるかもしれない」からだ。

翻訳にあたって、フィートやマイル、ポンドといったアメリカ特有の単位は、計算に関係がある場合には原文どおりとした（たとえば時速40マイルを時速64キロと換算してしまうと、計算が煩雑になってしまうから）。ただし、計算に影響しない文脈では適宜、メートル法に換算している（身長は6フィート2インチと書かれるよりも、188センチと書いたほうがわかりやすいでしょう?）。とはいえ、単位の換算というのも数学では主要なトピックのひとつなので、「20マイルって何キロ?」と疑問に思った読者はぜひ、換算に挑戦してみてほしい。1マイルはおよそ1・6キロだ。

最後になりましたが、編集の労をとってくださった化学同人の後藤南さんには大変お世話になりました。なかなか訳稿を渡さない私を辛抱強く待ってくださったうえ、訳文に対して的確かつ鋭い指摘をいただくなど、さまざまな場面で丁寧に仕事を進めてくださいました。この場を借りて御礼申し上げます。

2017年9月　藤原多伽夫

索　引

太字のページ番号は本文，細字は巻末付録

参考資料

スポーツ・ベッティングの概要

スポーツを対象とした賭け事はきっと，何千年も前に始まったのだろう．ひとりの馬主が「俺の馬はおまえのより速い」と言って，相手は「そうかい？　賭けてみるか？」と切り返したのだ．それ以来，無数の人々がスポーツを対象とした賭け事を楽しみ，10億ドル規模の産業になって，金融市場と保険という2兆ドル規模の産業で活用されている概念や手法の多くを共有している．**スポーツ・ベッティング**（賭け）に対する見方は国によって異なる．イギリスではれっきとした政府公認の賭け事であるが，アメリカではそこまでではなく，スポーツ・ベッティングを統制する法律は州によって異なる．海外のスポーツに賭けられるウェブサイトも急速に増えている．連邦法の規制に従っているサイトもあるが，なかにはそうでないサイトもある．そうしたウェブサイトに興味をもっている読者には，十分に注意するように忠告しておきたい〔訳注　日本の法律では賭博が禁じられており，条件によっては参加すると違法となる可能性もある〕．

パリミュチュエル方式

合法的な競馬は世界中で行われ，一般的にパリミュチュエル方式という手法が使われている．賭け手は勝ち馬を予想して賭け，すべての賭け金は1カ所に集められる．賭けを管理している組織は，賭け金の

総額のなかから**手数料**としてその一部を徴収し，残った金額を勝者に分配する．

簡単な例を挙げよう．1つのレースに3頭の馬が出走し，賭けの管理者が賭け金の総額の20%を徴収するとする（これは国営競馬ではまずまず一般的な割合）．賭け金の内訳は以下のとおりだ．

出走馬	その馬に対する賭け金の合計
アレクサンダー・ザ・グレート	$500
マイク・ザ・ミーディオカー	$400
ハワード・ザ・ホリブル	$100

賭け金の総額は1000ドル．その20%に当たる200ドルが差し引かれ，残りの800ドルが勝者のあいだで分配される．

アレクサンダー・ザ・グレートが勝った場合，この馬に賭けた人は1ドルにつき \$800/500 = \$1.60の払戻金を受け取る．このとき，アレクサンダーに1ドルを賭けた人は，馬券を買うときに1ドル払い，払戻金として1.60ドルを受け取るので，利益は0.60ドルとなる．マイク・ザ・ミーディオカーが勝った場合，マイクに賭けた人は1ドルにつき \$800/\$400 = \$2.00の払戻金を受け取り，利益は1ドルとなる．ハワード・ザ・ホリブルが勝った場合，ハワードに賭けた人は1ドルにつき \$800/\$100 = \$8.00の払戻金を受け取り，利益は7.00ドルだ．

ハンデが設定される賭け

多くのスポーツ競技では，2つのチームや2人の選手が対戦する．一例として，ニューヨークでアメフトのニューヨーク・ジャイアンツとダラス・カウボーイズが対戦する場合を考えてみよう．

ラスベガスの**ブックメーカー**（賭けを主催する会社や人）は，ジャ

イアンツのほうがカウボーイズよりもわずかに強いと考え，かつ，試合がニューヨークで行われるということで，本拠地で戦うジャイアンツのほうが有利とみた．本拠地で戦うチームは通常，得点で 3 点分優位にあると見なされる．ジャイアンツのほうがわずかに強いと考えられる点も勘案して，ジャイアンツは平均して 5 点差で勝つと，ラスベガスのブックメーカーは予想した．そのため，ジャイアンツにはマイナス 5 の**ライン（ハンデ）**が設定された．ジャイアンツに賭ける人はチームの得点から 5 点を差し引いて考えるようにいわれ，このときジャイアンツは**フェイバリット**（本命）と呼ばれる．一方，カウボーイズに賭ける人はチームの得点に 5 点を加算して考えるようにいわれ，このときカウボーイズは**アンダードッグ**（勝ち目がないチーム），あるいは単に**ドッグ**と呼ばれる．

試合が終わり，ジャイアンツが 5 点を超える差をつけて勝てば，ジャイアンツに賭けた人は賭けに勝ち，カウボーイズに賭けた人は負ける．この場合，フェイバリットは「**カバーした**」といわれる．ジャイアンツが負けるか，5 点差未満で勝った場合，カウボーイズに賭けた人が勝ち，ジャイアンツに賭けた人は負ける．ジャイアンツがちょうど 5 点差で勝った場合，試合は**プッシュ**（引き分け）といわれ，賭け金が他人の手に渡ることはない．

ブックメーカーを通して賭けた場合，賭けに負けたときには，一般的に 11 対 10 の割合で支払わなければならない．たとえば，ジャイアンツにマイナス 5 ポイントのラインが設定され，100 ドルを賭けた場合，賭けに勝ったら 100 ドルを手にする．しかし，賭けに負けると，110 ドルを支払わなければならない．負けた人が余分に支払うこの 10 ドルは手数料で，英語では vig と呼ばれる．これは vigorish を短縮したもので，「利益」や「賞金」を意味するロシア語の vyigrish に由来して 20 世紀に使われるようになった．

探偵フレディの数学事件ファイル

付録 数学解説

捜査の続き

本題に入る前に，本書の最初に書いたことを繰り返しておく——ここは必ずしも読まなくていい！　私が思うに，学習という営みの大部分は自然に行われる．何かに十分な時間さらされていれば，それは体に吸収されるものだ．深くは学べないかもしれないが，概念は理解できるだろう．ミュージシャンといっしょにいれば，音楽に込められた何かがある程度わかる．自分自身がミュージシャンになることはできないが，音楽にまったく触れなかった場合に比べれば，はるかに多くの知識を得られるはずだ．

とはいえ，私としては，読者が付録の一部でも読もうとしてくれたらうれしい．それほど深い話はしていないし，途中で飽きたら，いつでも次の話題に移ればいい．

第１章をもっと理解するための「ブール論理」

シャーロック・ホームズは相棒のワトソンによくこう言っていた．不可能を消していけば，あとに残ったものがどれだけありえなく思えても，それが真実に違いない，と．これは簡潔で示唆に富むエレガントな言葉である．しかし，シャーロック・ホームズを読んだことがある人なら，たいていはホームズのこの発言の裏にある本質的な論理をすでに理解しているだろうから，それほど驚くべき発言でもないだろう．

論理が欠かせないシャーロック・ホームズはイギリス人だが，それがぴったりはまっているのは，**記号論理学**の構築に最も寄与したジョージ・ブールもイギリス人だからかもしれない．

ジョージ・ブールが現れる前，数学者は数字や幾何学的な図形といった数学的な要素に注目していた．当時も，そしていまも，数学者の目標は，数字や幾何学的な図形に関する定理を証明することだ．ジョージ・ブールは，証明の本質を広範囲に探究した最初の人物という栄誉を得た（ギリシャの哲学者たちを軽視しているわけではなく，彼らはこの分野にいち早く貢献した）．

数学という学問が揺るぎない地位を確立した理由のひとつに，定義がはっきりした概念にひたすら着目してきた点がある．ブールが注目したのは，明確に正しいか明確に間違っている言葉や文章だ．そうした文章は**命題**と呼ばれる．ここでは，P，Q，R という文字で命題を示し，T は**真**（true），F は**偽**（false）の略語として使用する．

それぞれの命題には「非 P」と呼ばれる正反対の命題がある．ひとつの命題は「……は偽である」という句を使うことによって否定できる．たとえば，P が「今日は木曜日である」という命題だとすると，

Pの反対（「Pの否定」と呼ばれることもある）は「今日は木曜日というのは偽である」という命題となる．

「または」や「かつ」といった語を用いることによって，単純な命題から複雑な命題を構築することができる．これらの機能は言葉の意味とほとんど同じだ．

たとえば，「PかつQ」という命題は，想像できるとおり，PとQの両方が真である場合にのみ真となる．「ニューイングランド・ペイトリオッツは2015年にスーパーボウルを制し，かつ，オースティンはテキサス州の州都である」と誰かが言ったとすると，多少のグーグル検索は必要かもしれないが，この命題は真であるとはっきり同意できるだろう．しかし，「ニューイングランド・ペイトリオッツは2015年にスーパーボウルを制し，かつ，2 + 2 = 5」と誰かが言ったとすれば，「ちょっと待った」となるはずだ．

「または」（選言）の場合は2種類の意味があるので，少し説明が必要だ．排他的な「または」は2つの可能性のひとつを排除する際に用いる．「あなたは民主党員として登録しましたか，または，それ以外として登録しましたか？」という質問の場合は，少なくとも法律上は両方はできない．一方，非排他的（包括的）な「または」では両方の可能性を選択することもできる．レストランでウェイターに「コーヒー，または，デザートをいかがですか」と訊ねられたとき，両方を注文しても，まず文句は言われない（ウェイターからすればチップが増えると期待できるから）．過去のある時点で，数学者たちは非排他的な「または」のほうを使うことに決めた．足し算の記号としていろいろな記号のなかから「+」を使うと決めたようなもので，それに従うしかない．

以上の情報は，表にするとわかりやすい．次の表は**真理値表**と呼ばれるものだ．

P	Q	PまたはQ	PかつQ
T	T	T	T
T	F	T	F
F	T	T	F
F	F	F	F

左側の2列では，2つの命題PとQに関する真偽のすべての組み合わせを4行で表した．右側の2列では，行頭の命題に関する真理値（TかF）の組み合わせを，同じ行にあるPとQの真理値に応じて示した．

次のように，きわめて簡素な真理値表を使って多くの情報を盛り込むこともできる．

P	非P	Pまたは非P	Pかつ非P
T	F	T	F
F	T	T	F

つまり，命題Pについて，命題「Pまたは非P」は常に真で，命題「Pかつ非P」は常に偽ということだ．常に真である命題は**恒真式（トートロジー）**と呼ばれる．

真理値表には重要なものもあるのだが，それほどおもしろいものではない．「PまたはQ」と「QまたはP」の真理値表が同じであることを示すのは簡単だ．ウェイターに「コーヒーかデザートをいかがですか」と訊ねられるのと，「デザートかコーヒーをいかがですか」と訊ねられるのは同じだと考えれば，簡単に理解できる．同様に「PかつQ」と「QかつP」の真理値表も同じだ．

丸かっこを使えば，さらに複雑な命題（複合命題）を構築することもできる．命題のなかでも，かっこの使用目的は算術や代数で使われ

るかっこと同じだ．P, Q, R を命題とすると，複合命題「P または（Q かつ R)」では，最初に「Q かつ R」という命題を解いたあと，命題 P と命題「Q かつ R」の「または」を求める（コンピューター業界の人はよく「OR する」と言う）．

複合命題では，各階層のかっこを消していくことによって，構成要素の真理値から命題の真理値を求めることができる．(2 + 3) × [3 × (4 + 7)] という数式で内側のかっこの中から計算するのと同様に，複合命題でも同じ手順を踏む．

数式の場合は，(2 + 3) × [3 × (4 + 7)] = 5 × (3 × 11) = 5 × 33 = 165 となる．これが記号論理学でどうなるかを見るために，P を真（T)，Q を偽（F)，R を偽（F）とする．「(P または非 Q）かつ（非 P または R)」という論理式の真理値を求めるには，それぞれの命題を T または F に置き換えて計算していけばいい．

1) (P または非 Q）かつ（非 P または R)
2) (T または非 F）かつ（非 T または F)
3) (T または T）かつ（F または F)
4) T かつ F
5) F

ここでシャーロック・ホームズに戻ろう．「不可能を消していけば，あとに残ったものがどれだけありえなく思えても，それが真実に違いない」という言葉をどう分析すればいいだろうか．

ここに P と Q という命題があり，「P または Q」が真であるとしよう．Q が偽である場合，P が真であると結論づけるにはどうすればいいだろうか．

「P または Q」に関する真理値表を見れば，はっきりとわかるはずだ．

番号	P	Q	PまたはQ
(1)	T	T	T
(2)	T	F	T
(3)	F	T	T
(4)	F	F	F

「PまたはQ」が真なので，行（4）は除外できる．また，Qが偽であるから，行（1）と（3）でもない．残ったのは行（2）だけであり，行（2）ではPが真だ．したがって，たとえPがどれほどありえなく思えても，Pは真であるに違いない．

ここから話が少しややこしくなる．ブールは「もしPならばQ」という議論の妥当性を，命題PとQの真理値にもとづいて評価することにした．真である前件（前件とは「もしPならばQ」のPを指す）で始まり，偽である後件（後件とは「もしPならばQ」のQを指す）で終わる議論は「偽」と見なすことが重要だと，ブールは決定したのである．結局のところ，真で始まって偽の結末に達したら，その議論は間違っているに違いない．こうした間違った議論を特定するために，ブールはほかの「もしPならばQ」文をすべて真とした．

以上の説明をまとめると，「もしPならばQ」の真理値表は次のようになる．

P	Q	もしPならばQ
T	T	T
T	F	F
F	T	T
F	F	T

ここで，「もし［(PまたはQ) かつ非Q］ならばP」という複合命題を考えてみよう．次の表では，見やすくするために「(PまたはQ)

かつ非Q」の部分をRに置き換えた．

P	Q	非Q	PまたはQ	(PまたはQ) かつ非Q	もしRならばP
T	T	F	T	F	T
T	F	T	T	T	T
F	T	F	T	F	T
F	F	T	F	F	T

PとQの真理値がどれであろうとも，

命題「もし［(PまたはQ) かつ非Q］ならばP」

は常に真だ！

シャーロック・ホームズは，これを使う場合，PかQのいずれかが真であると暗に仮定した．しかしながら，実際にはPとQの真理値がどれであっても，「もし［(PまたはQ) かつ非Q］ならばP」は真になるのである．

2つの命題の真理値表が同じとき，それらは「論理的に同値」であるといわれる．これと同じようなことは日常の会話にもよくある．「コーヒーかデザートはいかがですか」とウェイターに訊かれたときに「いいえ」と答えた場合，あなたがコーヒーもデザートもいらないのだと，ウェイターは理解する．あなたもウェイターも，「非 (PまたはQ)」が「(非P) かつ (非Q)」と論理的に同値であるという事実を利用したのだ．ピートも本編のなかでこれを利用して，連絡員がハズリットにもバーンズにも会わないと結論づけた．

数学のこの分野は**ブール論理**として知られ，おそらくブール自身も想像していなかっただろうと思われるほどに発展した．コンピューターはこの原理にもとづいてつくられているし，検索エンジンで高度な検索を実行するたびに，あなたはブール論理を使っているのだ．

第 2 章をもっと理解するための「パーセント計算」

本編でピートが言っているように，パーセントはさまざまな混乱を引き起こす要因となっている．混乱の大半は，たとえば 20% の増加分で 20% の減少分を埋め合わせられるなど，パーセントがほかの数字と同じようにふるまうとの誤解に原因がある．本編にあるように，20% の増加分は 20% の減少分とは異なる量にもとづいて計算されているので，20% の減少分を埋め合わせることはできない．

代数に関する基本的な知識があれば，パーセントをめぐる混乱の大半を防ぎやすくなる．以下の説明では少しだけ代数を使っているが，夜眠れなくなるほどたくさんは使っていないと思っている．

本編でピートが言っていた「数学音痴」とは，文章でいえば読み書きができないようなものだ．とはいえ，読み書きができない人はその自覚があり，生活に大きな支障をきたすことを自分でわかっているので，問題の改善に向けてみずから努力することが多い．

数学音痴は，読み書きができない人よりもたちが悪い．数学音痴の人はその自覚がないことが多いからだ．読み書きができないと非難されるが，数学音痴の人はそういった扱いは受けない．なかには，数学音痴が芸術的な創造性と深く関係していると感じている人もいるし，数学音痴を堂々と自慢している人までいる．

これはきわめて残念なことだ．感染症と似たようなもので，数学音痴の波及効果は社会全体に広がっていくからである．数学音痴の人を社会からなくせば年間で何百億ドル，ひょっとしたら何千億ドルというお金を節約できると言っても，言いすぎではないだろう．

数学音痴について研究したら，パーセントをめぐる混乱がその一因であるという結果がほぼ間違いなく出てくる．「パーセント」という

言葉はラテン語で「100 につき」を意味する *per centum*（パー・ケントゥム）が省略されたものだ．つまり，3%は「100 につき 3」という意味だから，100 の 3%は 3 であり，400 の 3%は 12 である．

●パーセントの計算

ある数のパーセントを求めるには，その数とパーセントを掛けてから，100 で割る．

例題 1　350 ドルの 7.5%が何ドルかを求めるには，350 に 7.5 を掛け，その答えである 2625 ドルを 100 で割る．答えは 26.25 ドルだ．

パーセントの計算は単純で，たいていの人は難なくこなせるだろう．売上税の金額がわかっている場合に，商品の本体価格を計算するのは少し難しく，単純な方程式をつくって解く必要がある．

ここでは，売上税（税率 7%）が 11.20 ドルの商品の本体価格を求めてみよう．本体価格を P とすると，P の 7%は $7\,P/100 = 0.07\,P$ となる．以降の計算は次のとおり．

$$0.07\,P = \$11.20$$

$$P = \$11.20/0.07 = \$160$$

160 ドルという本体価格が正しいかどうかをチェックするには，160 ドルの 7%を計算して，11.20 ドルになることを確かめればよい．

例題 2　ルタバガ・プリファード社の株式は前年，15%上昇した．株式価格が 13.5 ポイント上昇したとすれば，前年初めの株式価格はいくらだったのか．

(注：投資家がいう「ポイント」は「ドル」の意味．株式が 50 ポ

イントで売られているということは，1口の価格が50ドルということだ.）

解答　前年初めの価格をSとすると，Sの15%は$0.15S$だから，次のようになる.

$$0.15\,S = 13.5$$
$$S = 13.5/0.15 = 90$$

前年初めの株式価格は90ドルだ．確認のために90ドルの15%を計算すれば，13.5ドルとなる.

ここからは値上げと値下げの解説に移る．値上げは数学的に問題を引き起こすことはあまりないが，値上げの多くはさまざまな政府機関が課す税金に起因することが多く，実生活では多大な迷惑となる．しかし，数学的に見れば，多大な迷惑を引き起こすのは値下げをめぐる混乱だ．よくある間違いを紹介しよう．その原因は多くの人が，値引き前の元の価格を計算する際に，値引き後の価格に値引き率を掛けて求めた数字を加えてしまうという間違いを犯すことにある.

例題3　20%の値引き後，120ドルで売られているテレビがある．その元の価格はいくらだろうか.

解答　よくある間違いは，値引き後の価格120ドルの20%に相当する24ドルを，値引き後の価格120ドルに加えて，元の価格を$120 + $24 = $144と算出してしまうことだ.

どこに間違いがあるか，おそらくおわかりだろう．テレビの元の価格をSとすると，Sの20%は$0.20S$となる．したがって，

$$S - 0.20\,S = \$120$$

$$0.8\,S = \$120$$
$$S = \$120/0.8 = \$150$$

確認してみよう．150 ドルの 20％は $0.20 \times \$150 = \$30$ だから，150 ドルから 30 ドルを引くと，値引き後の価格は 120 ドルとなる．

ここからは，リンダ・ビスタの市役所が陥った罠について調べてみよう．税基盤が 20％上昇した場合に税額を 20％減らすと，なぜ問題が起きるのか．納税者の数がもともと T 人いて，それぞれが D ドルの税金を課せられているとすると，合計の税収は間違いなく TD ドルとなる．納税者の数が 20％増加すると，元の T 人から $0.20\,T$ 人だけ増えたことになるから，現在の納税者の数は $T + 0.20\,T = 1.2\,T$ 人となる．それぞれの納税者に対する税額を 20％減らした場合，減少額は $0.20\,D$ ドルとなるので，新しい税額は $D - 0.20\,D = 0.80\,D$ ドルとなる．合計の税収は納税者の数に 1 人あたりの税額を掛けた値だから，$1.2\,T \times 0.8\,D = 0.96\,TD$ ドルだ．これは元の税収の 96％でしかない．

40 ページより，パーセント計算の続き

税金が 100 ドルから 80 ドルに減らされ，リンダ・ビスタ市の予算が 39 万 6000 ドル不足しているという情報だけから，ピートが納税者の数を計算できたのを覚えているだろうか．ピートは税金の滞納者がいないことを知ると，市議会が納税者数の 20％増で 1 人あたりの税額の 20％減を補填できると考えたという，典型的な数学音痴の罠に陥ったのだと，すぐに仮定した．この場合，すでに説明したように，現在の税収は元の税収の 96％なので，不足額は 4％となる．税収の合計を R で表すと，R の 4％が 39 万 6000 ドルになるので，次のように計算できる．

$$0.04\,R = \$396{,}000$$
$$R = \$396{,}000/0.04 = \$9{,}900{,}000$$

税額は1人あたり100ドルだから，前回の人口調査で判明した納税者の数は，$9,900,000/100 = 99,000人となる．

こうした数学音痴は致命的な結果をもたらす危険をはらんでいる．たとえば，医師が看護師に薬の投与量を50%減らすように指示したとする．その後，患者の病状が悪化し，医師が看護師に薬の投与量を50%増やすように指示したら，どうなるだろうか．大惨事だ！　以前と同じ量の薬を患者が投与されていると医師は思っているかもしれないが，実際に患者が投与されている薬の量は元の4分の3しかない．同じように恐ろしい間違いは，燃料を50%消費した飛行機でも起こりうる．

パーセントを計算する際には，その計算のもとになる数値が必要だ．パーセントをめぐる誤解の多くは，この事実を認識していないことに起因する．たとえば，ある株式が100で売られていて，価格が30%上昇した後に30%下落したとする．価格上昇のパーセントを計算するもとになる数値は100だ．100の30%は30だから，上昇後の価格は130となる．この130が，30%下落後の価格を計算するもとになる数値だ．130の30%は39だから，株式価格は130 − 39 = 91まで下がったことになる．ついでにいうと，株式価格が30%下落してから30%上昇した場合も，最終的な価格は91となる．これは掛け算を2回連続して行っているからだ．掛け算は計算する順序を変えても，答えは同じになる．

パーセントをめぐる誤解は数学のほかの分野でも問題を引き起こす．パーセントは確率論的な考え方を伝えるためにもよく使われる．たとえば，降水確率は土曜日が50%で，日曜日も50%だと，気象予

報士が言ったとしよう．最近の世論調査によれば，このような予報は週末に雨が降るのは確実と言っているようなものだと，多くの人が考えているそうだ！　いや，実際にはそうではない．これについては第 9 章で詳しく説明したい．

第 3 章をもっと理解するための「平均値と割合」

数学で最も役に立つ概念は何かという投票を数学者に対して行ったとしたら，**平均値**の概念が上位に入るだろう．実際，多くの数学者が最上位として選ぶのではないか．平均値は過去の情報を手っ取り早く把握する最良の方法のひとつで，それより妥当なデータがない場合には，未来を予測する最良の方法でもある．平均値はパーセントや確率，統計，代数，微積分と同じぐらい広範囲にわたる分野で，重要な役割を果たしている．

平均値は割り算で得られた答え（**商**）だ．割り算を使う事例のひとつに，物を平等に分配する場面がある．12 ピースに分割したピザを 4 人で平等に分ける場合，1 人につき何ピース食べるのがいいだろうか．

この事例は単純なように思えるが，平均値の概念を説明する取っかかりとしてわかりやすい．12 ピースに分割したピザを 4 人で分ける場合，1 人が受け取るピース数の平均は 3 だ．もちろんこれは，それぞれの人が実際に 3 ピースずつ受け取るという意味ではない．この場合の平均値とは，ピザを平等に分けた場合にどうなるかを見ることによって，データを要約する方法を示している．

平均値が 3 ピースと言ったとき，たいていの場合，ここには言外に「1 人につき」という重要な言葉が存在している．平均値は商であり，商には分子と分母がある．実際の世界で分量を扱うとき，分子と分母は単位を使って表される．ピザの例でいうと，分子の単位は「ピース」で，分母の単位は「人」だ．平均値を完全に理解するには，分けられるものが何か（分子の単位「ピザのピース」）と，分けられた量が共有される対象（分母の単位「人」）を知っていなければならない．平均値の単位は「分子の単位 / 分母の単位」であり，ピザの例の場合は

「ピース / 人」である．本章のあらゆる概念には商が関係している．

● 単位の重要性

平均値を計算する際，数字だけでは意味がない．分子と分母の単位を示す必要がある．これがどれだけ重要かを理解するには，給料が5の仕事を引き受けるかどうかを自問してみるのがいい．

その仕事が不快だったり危険だったりしないと仮定して，もし給料が5ドル / 秒だったらほぼ確実に引き受けるだろう．でも，給料が5ドル / 年だったらまず引き受けないのではないか．

平均：過去の要約，未来の予測

平均値は商である．アメリカで国民的な娯楽である野球（人気はフットボールに急速に奪われつつあるが）は，平均値を計算するデータの宝庫だ．選手の打率は，その選手が打った安打の数を，公式の打数（フォアボールやデッドボールを除いた打席の数）の合計で割ったものだ．公式の打数が500の選手が150本の安打を放ったとすると，打率は150/500 = 0.3 = 0.300（3割0分0厘と読む）となる．小数点以下4桁で四捨五入した打率が.273の場合は「2割7分3厘」．打率は「安打数 / 公式の打数」の平均値ということだ．

平均値の計算はそれほど難しくないが，その情報の提示の仕方によっては大きな誤解を生みやすい．

例題1　エバンは1ポンド1.50ドルの挽き肉を6.00ドル分買ったあと，別の店に行って1ポンド1.00ドルの挽き肉を6.00ドル分買った．挽き肉の平均価格はいくら？

解答　2つの店で買った挽き肉の価格は同じなので，平均価格は1.25ドル（1.50ドルと1.00ドルの平均）と考えたとしたら，あなた

は本編でフレディが陥ったのと同じ罠にはまったことになる！

平均値に関係する多くの問題では，平均値の計算に使う商の分子と分母に常に着目しなければならない．今回の場合，分子は12ドル（使った金額）で，分母は10ポンド（買った挽き肉の量）だ．したがって，平均価格は12.00ドル / 10ポンド = 1.20ドル / ポンドとなる．

平均値の計算で犯しがちな間違いの多くは，本編でフレディが犯した間違いと同類のものだ．2つの異なるデータの集合があるとして，それぞれの集合の平均値を計算したあとに，すべてのデータの平均値を計算したとしよう．一般に，それぞれの集合の平均値を平均して，すべてのデータの平均値とするのは正しくない．例題1では，2つの平均価格の平均値を計算したのが罠だ．この罠に引っかからないようにするには，分子と分母にすべてのデータを入れて計算することだ．2つの平均値の平均値を計算すると，間違った答えを導く可能性がきわめて高い．

53ページより，平均値の計算の続き

本編でフレディは，時速の平均値が平均時速だと考えるという典型的な間違いを犯した．これは一見もっともらしいのだが，2つの時速の分母が同じときにしか正しくない．フレディがサンディエゴまで往復したときの実際の平均時速は，走った距離の合計（240マイル）をかかった時間（行きは時速40マイルで3時間，帰りは時速20マイルで6時間）で割ることによって計算できる．行きと帰りの時速40と20の平均値は30だが，実際の往復での平均時速は240 / 9 = $26\frac{2}{3}$マイルだ．ピートが指摘しているように，行きと帰りでは時速の分母である時間が異なっているために，実際の平均時速はフレディが推定し

た時速 30 マイルではなかったのである．

平均値が引き起こす混乱はこれだけではない．次の例を見てみよう．

例題 2　ミラージュ・フィナンシャルの 4 人の重役は年俸 10 万ドルで，6 人のアシスタントは年俸 4 万ドル．重役の年俸が 1 万ドル上がり，アシスタントは 2000 ドル上がるとしよう．会社は株主に賃上げの平均が 7% と説明し，従業員には 8.125% と説明している．なぜ説明が食い違っているのか．

解答　クリエイティブな会計の世界へようこそ！　10% の賃上げが 4 人で，5% の賃上げが 6 人なので，これら 10 人の賃上げ率を平均すると 7% になる．一方，当初の年棒の合計は 64 万ドルで，賃上げ後の年棒の合計は 69 万 2000 ドルだから，8.125% の上昇となる．

どちらの数字にもある程度の真実が含まれている．どちらも適切に計算されているのだが，両者は定義の仕方が違っているのだ．この例が示すように，複雑なバランスシートをもつ会社の実際の財務状況を把握するのは難しいことが多い．

平均値は将来の業績を見積もる基礎としてしばしば利用される．平均値に対するこうした依存は，その平均値が導き出された理由をよく理解していない場合にも存在する．100 年分の気象データから降水量の平均が年間 800 ミリだとわかっている場合，将来の平均降水量も年間 800 ミリであり続けるだろうとの想定のもとに，水の利用や分配に関する計画が策定される．

平均値を将来の見積もりに利用するのはよくある慣行だ．企業は過去の平均値を調べることによって将来の売り上げを見積もる．だがここで頭に入れておきたいのは，平均値は将来の見積もりに利用できる

し，そうした予測にもとづいた計画はきわめて役立つことも多いのではあるが，過去のデータにもとづいた平均値で将来を予測できるわけではないということだ．たとえ過去の降水量の平均が年間800ミリであっても，翌年に干ばつや洪水が起きることもありうる．

割　合

割合（レート）は平均値とよく似ている．平均値も割合も「商」として表現されるからだ．

数学的な観点からは，平均値と割合に違いはない．とはいえ，それぞれの言葉の使用法には暗黙の了解があって，「平均値」という言葉は一般にデータを要約するときに使われ，「割合」という言葉は現在進行中の事象を描写したり，物やお金の交換を容易にしたりするときによく使われる．

12ピースに切り分けたピザを4人で食べた場合，1人あたり平均で3ピースを食べたことになる．これは過去のできごとを要約したものだ．このできごとは，1人につき3ピースの割合でピザを食べたと描写することもできる．これはピザを食べている場面を強調した表現だ．平均値でも割合でも数値（3）は同じで，単位（ピース/人）も同じだから，数学的な観点では両者を区別できない．

商品やサービスと引き換えにお金を受け取る慣行は，ビジネスの基本である．挽き肉が2ドル/ポンドの場合，分母の1単位（挽き肉の重さ）は2ドルと交換できるということだ．これはビジネスの世界では一般的な割合の概念だが，ほかの状況にも適用できる．たとえば，時速40マイルで車が走っているとすると，分母の1単位（1時間）は40マイルと交換できるということだ．車の速度に対する見方としては奇妙に思えるかもしれないが，この例が示すように，割合の概念はさまざまな分野に応用されている．

第 4 章をもっと理解するための「数列と等差数列」

パターンを認識し利用する能力は，知能のなかでも特に重要な側面のひとつである．人類が社会を形成し，それに合った進歩を遂げたのは，たかだか過去 1 万年かそこらのあいだでしかない．人類はすばらしい！　こうした進歩が始まったのは，人類が季節の繰り返しのパターンを利用して農業を発展させ始めた頃だと私は思う．

パターンにもとづいた予測は，科学技術だけでなく，日常生活の礎にもなっている．医学の研究者は心臓の鼓動のパターンを調べて心臓発作の予兆を示す手がかりを探すが，私たちはふだんの暮らしのなかで，友人や職場の同僚，愛する家族の行動パターンに着目する．人がどんな反応を見せるかを理解すれば，人間関係はよくなっていく．

数値の利点のひとつは，パターンを認識できる環境を提供する点だ．そうした数値のパターンは，現実の世界で起きている現象を表すことも多い．

● 数列と等差数列

数列とは無限に続く数字の連なりである．よく知られるのは，次のようなものだ．

- 自然数：1, 2, 3, 4, ……（点は数字が続くことを示す）
- 奇数：1, 3, 5, 7, ……
- 素数：2, 3, 5, 7, ……（素数は 1 とその数自体しか約数をもたない．13 は 1 と 13 しか約数をもたないので素数だが，12 は 2，3，4，6 という約数をもつので素数ではない）

数列を構成する数字は「項」と呼ばれる．1, 3, 5, 7, ……という奇数の数列では，1が数列の第1項，3が第2項，5が第3項となる．

特定の数字を使わずに，数字とその性質を表したい場合，代数学では文字を使うことができる．たとえば，$2x+6=2(x+3)$ という数式で使われている x は，任意の数を表している．特定の数列を使わずに数列やその性質を表したい場合は，$a_1, a_2, a_3,$ ……という表記を使う．この表記の1, 2, 3, ……は「下付き文字」といい，数列の項の順序を表す．たとえば a_7 は第7項を示す．特定の項を明示せずに数列の項を表す場合は，a_n という表記を使う．

数列にはいくつかの表現方法がある．1, 3, 5, 7, ……という奇数の数列は，次のように表現できる．

(1) 言葉を使う：数列の第 n 項は n 番目の奇数である．

(2) 数式を使う：$a_n=2n-1$．数式を使うことによって，数列の任意の項の値を計算できる．たとえば，$a_{100}=2\times100-1=199$ だ．

(3) 再帰的定義を使う：これは，はしごの使い方を説明するときと同じようなもので，まず1段目に一方の足を置き，もう一方の足を同じ段にもってくるといったように数列を表現する方法だ．奇数の数列の場合，再帰的定義は $a_1=1$，$a_n=a_{n-1}+2$ となる．

$a_1=1$ という定義から始める．$n=2$ とすると，再帰的な数式は次のようになる．

$$a_2=a_{2-1}+2=a_1+2=1+2=3$$

したがって $a_2=3$

次に $n=3$ とすると，再帰的な数式はこうなる．

$$a_3 = a_{3-1} + 2 = a_2 + 2 = 3 + 2 = 5$$

この a_3 の値を使用して a_4 を計算し，以下同じ作業を繰り返す．

数列の 3 つの表現方法のうち，最も便利なのは数式を使う方法だ．数式を用いれば，数列のどの項も直接計算できるからである．$a_n = 2n - 1$ という数式を使えば，数列の第 100 項も上記と同じように計算できる．言葉を使って第 100 項を見つけようとすると，奇数を最初から 100 個も書き出さなければならないし，再帰的定義を使って第 100 項を見つけようとすると，その定義を 99 回使わなければならない（1 回目で a_2 を求め，2 回目で a_3 を求めるといった具合だ）．

残念ながら，数式が存在しない場合もある．素数の数列については，n 番目の素数を計算する数式も再帰的定義も知られていない．実際のところ，素数を計算する数式や再帰的定義を見つけるのは不可能であると，数学者が証明しているのだ！　これには利点もある．素数の計算が困難であることは，あなたのパスワードを保護するセキュリティの基礎になっている．もちろん，銀行口座の保護にも役立っている．

ほかには，預金の日々の残高やランダムに振ったさいころの目なども，言葉によって定義しなければならない数列の例だ．

● よく知られている 2 つの数列

数列 1　偶数：2, 4, 6, 8, ……

数式：$a_n = 2n$

再帰的定義：$a_1 = 2$，$a_n = a_{n-1} + 2$

数列 2　2 乗した数：1, 4, 9, 16, ……

数式：$a_n = n^2$

再帰的定義：$a_1 = 1$，$a_n = a_{n-1} + 2n - 1$

標準的な知能検査のひとつに，数列の次の数字を予測する問題がある．少なくとも知能検査でよい成績を上げるという観点からは，これは知識がありすぎるといけない事例だ．たとえば，最初の3項が1, 2, 4という数列の次の数字を予測するとしよう．数列の再帰的定義が $a_1 = 1$，$a_n = 2a_{n-1}$ であると判断した場合，次の項は8となる．一方，数列の再帰的定義が $a_1 = 1$，$a_n = a_{n-1} + n - 1$ であると判断すると，次の項は7になるのだ！

数列には，数字以外の項を含めることもできる．たとえば本書は，文字と数字，記号の「数列」であるともいえる（そして，およそ第50万項以降に続くのは空白記号だ）．

● 等差数列

2, 5, 8, 11, ……という数列を考えよう．この再帰的定義は $a_1 = 2$, $a_n = a_{n-1} + 3$ だ．隣り合った2つの項の差が3であることは，再帰的定義の数式 $a_n = a_{n-1} + 3$ の両辺から a_{n-1} を引くと，$a_n - a_{n-1} = 3$ となることからわかる．こうした数列は**等差数列**（算術級数）と呼ばれ，隣り合った2つの項の差が一定である数列のことを指す．この差のことを**公差**と呼ぶ．等差数列では，ある項から1つ前の項を引くことによって公差を求めることができる．2, 5, 8, 11, ……という数列の場合，$3 = 5 - 2 = 8 - 5 = 11 - 8$ などとなる．

第1項が2で，公差が3の等差数列があるとすると，その再帰的定義は $a_1 = 2$, $a_n = a_{n-1} + 3$ であるとすぐにわかる．また，このパターンを使って，数列の項の値を最初からいくつか書いてみてもいい．

$$a_1 = 2 = 2 + (0 \times 3)$$
$$a_2 = 2 + 3 = 5 = 2 + (1 \times 3)$$
$$a_3 = (2 + 3) + 3 = 8 = 2 + (2 \times 3)$$

$$a_4 = (2 + 3 + 3) + 3 = 11 = 2 + (3 \times 3)$$

このパターンから次のような数式を導き出せる．

$$a_n = 2 + (n - 1) \times 3$$

第 1 項が a_1 で，公差が d の等差数列ならば同じようにできることから，等差数列に関しては次のような 2 つの公式がある．

● 等差数列の公式

第 1 項が f で，公差が d の等差数列は，再帰的定義で次のように表される．

$$a_1 = f,\ \ a_n = a_{n-1} + d$$

数式を使った場合はこうだ．

$$a_n = f + (n - 1)d$$

日常生活でも，商品を分割払いで購入する場合に支払いの合計金額を求めるとき，等差数列を使う場面がよく現れる．

例題 1　スーザンは頭金 2000 ドル，月々 180 ドルの分割払いで車を購入した．彼女が支払う総額を等差数列で記述せよ．48 回の分割払いの場合，支払い総額はいくらになるか？

解答　スーザンが支払う総額は，$a_1 = \$2,000$，公差が \$180 の等差数列だ．したがって，数式は $a_n = \$2,000 + \$180(n - 1)$ となる．48 回支払うと，総額は $a_{49} = \$10,640$ となる．

自然界にも等差数列の事例は数多くある．日食や月食の間隔，惑星

が太陽に最も近づく日の間隔（季節の変わり目を表す目安になる）など，等差数列の例となる自然現象は多い．

例題2　アメリカの著名作家マーク・トウェイン（フレディが話していた，禁煙は簡単だと言った人物）が死去した1910年は，ハレー彗星が公式に目撃された4回目の年だ．この彗星は76年ごとに現れる．ハレー彗星が初めて公式に目撃された年はいつか？

そして，前回の出現は何年で，次に現れるのはいつだろうか？

解答　$a_4 = 1910 = f + (3 \times 76) = f + 228$ ということがわかっているから，$f = a_1 = 1682$ 年である（これは初めてこの彗星の存在が認識され，次に出現する年が予測された年で，ハレー彗星はそれ以前にも出現している）．前回の目撃は $a_5 = 1682 + (4 \times 76) = 1986$ 年で，次回の出現は $a_6 = 1682 + (5 \times 76) = 2062$ 年だ．

偶然にも，マーク・トウェインは a_4 の年に死去しただけでなく，a_3 の年に生まれている！

● 等差数列の和

63ページより，必要な煙草の本数計算の続き

掛け算の基本的な使用例として，同じ数を繰り返し足すというものがある．たとえば，3 × 4 は 4 + 4 + 4 を簡略化した表現だ．一方で，異なる数の和を求めるために掛け算を使用できる数式が存在するという，非常に興味深い事例もある．そうした事例のひとつを，史上屈指の数学者のひとりであるカール・フリードリヒ・ガウスが発見した．

ガウスが学校に通っていたある日，教師が1から100までの数を足すように生徒に言って，短時間だけ教室から出ていった．戻ってくるまでに終えるように言われたのだが，大半の生徒は誰もが思いつく方

法で問題を解こうとした．$1+2+3+\cdots\cdots+100$ の和を求めるために，$1+2$ を計算して 3 という答えを出し，それに 3 を加えて 6 とする．6 に 4 を足して 10 を得る，といった具合だ．

しかしガウスは，異なる方法を使った．$1+2+3+\cdots\cdots+100$ の和を S としたとき，S は $100+99+98+\cdots\cdots+1$ とも書けることに気づいたのである．これら 2 つの式を並べて書くと，次のようになる．

$$S = 1 + 2 + \cdots\cdots + 99 + 100 \qquad [4.1]$$

$$S = 100 + 99 + \cdots\cdots + 2 + 1 \qquad [4.2]$$

2 つの式を足すとこうなる．

$$S + S = (1 + 100) + (2 + 99) + \cdots\cdots + (99 + 2) + (100 + 1)$$

それぞれのかっこ内の最初の数字は式［4.1］のもので，2 番目の数字は式［4.2］のものだ．かっこ内の数字の和はそれぞれ 101 で，かっこ内のペアは 100 個あることが明らかだ．したがって，

$$2S = S + S = 100 \times 101 = 10{,}100$$

となり，$S = 5{,}050$ である．

ガウスはこの現象を発見したとき，8 歳前後だった．この功績に敬意を表し，数学界ではこれを「ガウスの妙案」と呼んでいる．数学者たちのさまざまな経歴のなかでも，かわいい妙案と言えるエピソードの筆頭だろう．

これは 100 という数字に限ったことではない．1000 でも 800 万でも，あらゆる数字に当てはまる．したがって，1 から N までのすべての数字を足す場合，前から足す場合と後ろから足す場合を書くと，このようになる．

$$S = 1 + 2 + \cdots\cdots + (N-1) + N \qquad [4.3]$$

$$S = N + (N-1) + \cdots\cdots + 2 + 1 \qquad [4.4]$$

式［4.3］と［4.4］を足すと，

$$2S = S + S = (1+N) + [2 + (N-1)] + \cdots\cdots + [(N-1) + 2] + (N+1)$$

前と同様，それぞれのかっこ内の最初の項は式［4.3］のもので，2 番目の項は式［4.4］のものだ．それぞれのかっこ内の和は $N+1$ で，かっこは N 個ある．したがって，

$$2S = S + S = N \times (N+1)$$

だから，$S = [N \times (N+1)]/2$ となる．

超高速のコンピューターが存在する時代にあっても，足し算を簡略化する短い式を発見することはきわめて重要だ．少し仕事をすれば足し算と掛け算が数回だけ必要な数式を考案できるのに，どうして 1000 回の足し算を高速コンピューターにさせる必要があろう．複雑な問題では，しばしば数十億回，ときには数兆回もの計算が必要になる．計算を簡略化する数式を使えば，計算の回数を 99％以上も減らすことができるのだ．

例題 3　本編では，フレディは煙草の本数を 1 日 1 本ずつ減らしたかった．1 日に減らす本数を 2 本ずつにした場合，彼は何本の煙草を買わなければならないのか？

解答　数式を使えば簡単に求められ，$40 + 38 + \cdots\cdots + 2 = 2\,(20 + 19 + \cdots\cdots + 1) = 2 \times [(20 \times 21)/2] = 420$ 本となる．したがって，フレディはカートン 2 箱と 20 本入りの煙草を 1 箱買う必要がある（1 カートンには 10 箱，1 箱には 20 本入っている）．フレディは 1

日に 2 箱（40 本）の煙草を吸っていたことを思い出してほしい.

どんな等差数列でも同じような概念を用いて，和を求めることができる.

第 5 章をもっと理解するための「代数学」
――量の関係を表現する――

ここでおもに取り上げるのは，代数で数多くの問題を引き起こす領域のひとつ「文章題の作成と解決」である．読者のなかにもあてはまる人がいるかもしれない．この領域で苦労している子どもをもつ親御さんなら，ぜひこの章を読んでみて，お子さんに自分のすごさを見せてあげてほしい．息子や娘が代数の授業を受けているなら，ティーンエイジャーのはずだから，このチャンスを逃せば，子どもに親のすごさを見せる機会はこの先 10 年ぐらいはないだろう．

代数は学習科目のひとつではあるが，それと同時に言語のひとつでもある．しかし残念ながら，高校で教えられる代数ではそれが伝わらないこともある．高校の代数の授業では，数式を簡潔にする方法や，多項式を因数分解する方法，二次方程式の解き方をいくつも学ぶ．テクニックばかりを学習することに，うんざりする人も多い．

一方，代数をよく利用する人の多くは，代数のことを「量の関係を記述する言語」であると考えている．言語の重要な側面のひとつに，問題の提起と回答を可能にするという点がある．その意味では，算数も言語だ．算数で提起される問題は数どうしの関係にかかわるものである．たとえば「2 足す 2 はいくつか？」という問題は数字に関する問いであり，答えを 1 つしかもたない．先ほど書いたように，数に関する問題は算数の領域に入る．

漫画家のガーン・ウィルソンはすごくおもしろい（いささか病的な）作品をつくるが，その代表作『Hell's Library』（地獄の図書館）で，代数を学ぶ数多くの学生の声をおそらく代弁しているのではないだろうか．三叉槍をもって笑う悪魔がいて，その周りには炎が燃えさかり，いかにも地獄のような光景だ．その背景にある本棚には，『大型

版 文章題』や『まだまだ文章題』といった本ばかりが並んでいる．

文章題を解く苦痛をすべて取り除くことはできないが，これから説明する 2 つの原則は取っかかりとして最適で，数多くの文章題に適用できる．残念ながらすべてではないが，多くがあてはまるだろう．

● 合計の原則と割合の原則

- 合計の原則：合計は小計の和である．合計の原則は足し算にもとづいている．
- 割合の原則：同じ価格で販売される品物を複数買うときのコストは，品物の価格に数を掛けた値である．割合（レート）の原則は掛け算にもとづき，為替レートも含めて，割合が関係する状況に適用できる．

82 ページより，マイル計算の続き

ピートはレンタカーのコストの合計額（課税前のドル）を計算するとき，これら 2 つの原則を利用している．その式は，車の走行距離を M とすると，\$60.00 + \$0.15 M だ．合計の原則では，合計は小計の和（週末料金に走行距離に応じた額を足した数）だ．週末料金は \$60 で，走行距離に応じた額は割合の原則に従って \$0.15 M となる．1 マイルにつき 0.15 ドルの価格で M マイルを購入したということだ．

ここまで来れば，方程式 \$60 + \$0.15 M = \$120.30 を解けばよい．たいていの単純な方程式は，方程式の基本原則を繰り返すだけで解ける．右辺と左辺に対して同じ操作をするのだ．今回の場合は，次のようになる．

$$\$120.30 = \$60.00 + \$0.15\,M$$

$$\$60.30 = \$0.15\,M \text{（両辺から \$60 を引いた）}$$

$$402 = M \text{（両辺を \$0.15 で割った）}$$

もちろん，$記号は必ずしもつけなくてよい．最終的な答えの単位がマイルであるのをわかっていれば，$120.30 = 60 + 0.15\,M$ のように単位なしで解ける．

1つの一次方程式（$y = 60 + 0.15\,x$ をグラフに書くと直線になるので**線形方程式**とも呼ばれる）から難易度を1段階上げて，2つの未知数を求めるために2つの一次方程式（連立一次方程式）を使う問題を考えてみよう．

例題1　毎週水曜日に映画を観たあと，みんなで地元のピザ店に行ってピザを食べて，ドリンクを飲む．先週の水曜日は，5枚のピザを食べ，ピッチャー3杯分のドリンクを飲んで，その合計金額が34ドルだった．今週の水曜日は，6枚のピザを食べ，ピッチャー4杯分のドリンクを飲んで，その合計金額が42ドルになった．ピザ1枚とピッチャー1杯の価格はそれぞれいくらか？

この問題は前回の問題とは違って，求める価格の種類が2つある．ピザ1枚の価格を P とし，ピッチャー1杯の価格を B（ピッチャーに入っているドリンクといえば，たいていビールなので）とする．先週の水曜日は，5枚のピザの価格が $5P$ で，ピッチャー3杯分の価格が $3B$，合計金額が34ドルだから，方程式は次のようになる．

$$5P + 3B = 34 \qquad [5.1]$$

同様に，6枚のピザの価格が $6P$ で，ピッチャー4杯分の価格が $4B$，合計金額が42ドルだから，方程式はこうだ．

$$6P + 4B = 42 \qquad [5.2]$$

この連立一次方程式を解くには，標準的な手順をひとつひとつ踏めばよい．問題を解く前に，その手順を概説しよう．

●2つの未知数がある連立一次方程式を解く手順

手順1　一方の方程式を解いて，ひとつの未知数を，もうひとつの未知数を使って表す．

手順2　手順1の結果を，もう一方の方程式に代入する．

手順3　手順2で得た方程式を解く．その方程式には未知数が1つしかない．

手順4　手順3の結果を手順1の結果に代入して，もうひとつの未知数の値を求める．

ピザとピッチャーの問題を解いてみよう．まず方程式［5.1］に手順1を適用すると，こうなる．

$$P = 6.8 - 0.6B \qquad [5.3]$$

これを方程式［5.2］に代入する．

$$6(6.8 - 0.6B) + 4B = 42$$
$$40.8 - 3.6B + 4B = 42$$
$$0.4B = 1.2$$

したがって，$B = 1.2/0.4 = 3$ となる．この値を方程式［5.3］に代入する．

$$P = 6.8 - 0.6(3) = 6.8 - 1.8 = 5$$

答えの検算は方程式を解く手順に入っていないとはいえ，計算間違いがないかどうかの確認は常に実行すべきである．ピザ1枚の価格が5ドル，ピッチャー1杯が3ドルとすると，先週の水曜日はピザ5枚で25ドル，ピッチャー3杯で9ドルとなり，合計金額は34ドルだ．今週の水曜日はピザ6枚で30ドル，ピッチャー4杯で12ドルとなり，合計金額は42ドルである．

この検算では，$B = 3$ と $P = 5$ が方程式［5.1］と［5.2］を満たすかどうかは確認しておらず，問題のもともとの状況に合致するかどうかを確認した．これら2つの手順は同じように思えるが，実際には違う．元の問題から方程式をつくるときに間違ってしまい，その方程式を正しく解いても問題を正しく解けていないこともあるからだ．

2つの未知数を含んだ2つの方程式を解く前述の手法は「消去法」と呼ばれ（消去は手順3で行われる），答えが不変であれば現実の問題に必ず適用できる．たとえば，ピザの価格が先週の水曜日から今週の水曜日までのあいだに上がった場合，この手法で答えは出せるが，その答えは実際の価格を表しているわけではない．

次に示す例題は，合計の原則と割合の原則を違った状況で使用している．

例題2　トライアスロンの選手が火曜日のトレーニングで，2時間のランニングと3時間の自転車走行を行い，合計で110マイル走った．翌日，1時間のランニングと4時間の自転車走行を行い，130マイルを走った．ランニングと自転車走行の時速はそれぞれ何マイルか？

解答　前提として，選手が常に同じ速度 R でランニングし，同じ速度 B で自転車走行を行うと考える．合計の原則を使うと，合計の走行距離はランニングの距離と自転車走行の距離の和である．

「距離 = 速度 × 時間」という式（割合の原則）を使えば，選手は火曜日に $2R$ マイルのランニングと $3B$ マイルの自転車走行を行ったから，$2R + 3B = 110$ となる．水曜日は，R マイルのランニングと $4B$ マイルの自転車走行を行ったから，$R + 4B = 130$ だ．これら 2 つの方程式を解くと，$R = 10$ マイル / 時，$B = 30$ マイル / 時となる．

消去法は 3 つ以上の未知数を含んだ 3 つ以上の一次方程式にも適用できる．そこそこの価格のたいていの電卓ならば最高で 30 個の未知数を含んだ 30 個の方程式を処理できるし，コンピューターならば何千個もの未知数を含んだ何千個もの方程式を解くことができる．しかし，これよりもはるかに重要かつ困難なのは，現実世界の問題を代数の言語に「翻訳」するという作業だ．いまのところこの作業ができるのは人間の頭脳だけで，コンピューターにはできない．人工知能の専門家たちはこの研究に取り組んでいるが，おそらく実現は何年も先の話になるだろう．

第6章をもっと理解するための「金融の数学」

たいていの人は，一生のうちに数多くの金融取引にかかわることになる．だから，お金の貸し借りに関する数学を理解する能力は，少なくとも数十万ドル，ひょっとしたらさらに多くの金額に匹敵する価値をもつだろう．

お金の使い方で驚くのは，テレビを購入するとき，2つの製品の価格を比べてせいぜい数百ドルしかない価格差を念入りに検討する人が，車や家を購入するときに最初に提示されたローンをすぐに受け入れてしまうことだ．テレビに「お買い得」があるように，ローンにも「お買い得」がある．ローンを借りるのは，お金を購入するのと同じなのだ．

本章を読んでお金を借りるときのコストを理解するだけで，一生のうちで多額のお金（もしかしたら想像以上の金額）を節約できるかもしれない．この章では計算がたくさん出てくるので，電卓があったほうが便利だろう．数の計算機能（+，−，×，÷）が付いた安い電卓で十分だが，累乗（通常は y^x や x^y といったキー）が付いた電卓があればさらに楽になる．価格は少し高いだけだし，わざわざ買わなくても，コンピューターにインストールされているはずだ．

● 単利と複利

時給で働いている場合，給料は時給に勤務時間を掛けて計算される．時給8ドルで10時間働けば，賃金は80ドルになる．単利はお金が稼ぐ賃金のようなもので，計算の仕方は給料と同じだ．資金を運用した時間に金利を掛けて求める．

例題 1　スーがジョンに，年率 6% の金利で 500 ドルを 3 年間貸したとしよう．スーはこのローンで何ドル稼ぎ，ジョンは何ドル払わなければならないか？　金利は単利とする．

解答　500 ドルの 6% は 0.06 × $500 = $30 で，ジョンには毎年 30 ドルの利息がかかる．3 年間借りれば，利息の合計は 3 × $30 = $90 だ．ジョンは借りた 500 ドルのほかに 90 ドルの利息を上乗せして，合計で 590 ドルを支払わなければならない．

例題 1 で，ジョンが借りた金額（500 ドル）は**元金**と呼ばれる．利息（1 年）の計算に使われる基本の時間単位は**単位期間**と呼ばれる．金利（1 年ごとに 6%）は常に「% / 単位期間」として表される．

単利の計算に一般的に使われる数式はわかりやすい．

単利のルール

単位期間の金利を r として，元金 P を合計 t の期間だけ借りた場合，単利の合計 I は，次のように表される．

$$I = Prt \qquad [6.1]$$

返済しなければならない金額の合計は，こうなる．

$$A = P + I = P + Prt = P(1 + rt) \qquad [6.2]$$

金利 r は常に「% / 単位期間」として表されるが，計算するときにはパーセントを数字に変換する（100 で割る）のを忘れないように．

お金を借りるとき，元金 P はローンの**現在価値**とも呼ばれ，返済の合計額 A は**将来価値**といわれる．

例題 1 では，利息が元金に加えられ，ローン期間（ここでは 3 年）の終了とともに全額が返済された．

複　利

もう一度，例題1を見てみよう．スーはジョンに500ドルを3年間貸し，ジョンは500ドル全額を3年間返さずに使う．単利では，借り手がローンの全期間で元金すべてを使えるのが重要な特徴だ．

94ページより，複利の計算の続き

ここからは，本編のアルマ・ステッドマン・トラストの資金に注目しよう．彼女が元金の200万ドルを年率6%の**複利**で預金していた場合，これは銀行にお金を貸すのと同じだ．毎年の年末に，年初に預けられた元金とそれに対する利息が銀行からアルマに返済され，アルマはすぐにそれらの合計額を翌年に預けることになる．

年	1月1日の残高	利息	12月31日の残高
2004	$2,000,000.00	$120,000.00	$2,120,000.00
2005	$2,120,000.00	$127,200.00	$2,247,200.00
2006	$2,247,200.00	$134,832.00	$2,382,032.00
2007	$2,382,032.00	$142,921.92	$2,524,953.92
2008	$2,524,953.92	$151,497.24	$2,676,451.16
2009	$2,676,451.16	$160,587.07	$2,837,038.23
2010	$2,837,038.23	$170,222.29	$3,007,260.52
2011	$3,007,260.52	$180,435.63	$3,187,696.15
2012	$3,187,696.15	$191,261.77	$3,378,957.92
2013	$3,378,957.92	$202,737.48	$3,581,695.40

1年後の2004年12月31日の残高は$\$2,000,000 \times 1.06$で，2年後の2005年12月31日の残高は$\$2,000,000 \times 1.06^2$，3年後の2006年12月31日の残高は$\$2,000,000 \times 1.06^3$となっている．10年後の2013年12月31日の残高は$\$2,000,000 \times 1.06^{10}$だ．ここで，$2,000,000は元金，

1.06 は年利に 1 を足した数，10 は預金に利息が適用された年数である．したがって，元金 P を年利 r で N 年預けた場合の将来価値 A は，次のような数式で表される．

$$A = P(1 + r)^N \qquad [6.3]$$

この方程式は非常に重要だ．ここでは，元金 P，将来価値 A，年利 r，元金を運用する年数 N という 4 種類の量が関係している．これらのうち 3 種類の量がわかっていれば，それらをもとに 4 番目の量を求めることができる．たとえば，元金 P を A，r，N で表すと次のようになる．

$$P = A/(1 + r)^N \qquad [6.4]$$

将来必要になる金額を得るための元金を計算しておくことも，しばしば重要になる．

例題 2　ホセの両親は，彼が大学を 4 年で卒業したら車を与えようと決めた．車の価格を 1 万ドルと考え，銀行の金利が複利で 6%だとしたら，ホセが卒業したときに車を買うためには，いま何ドルを預金する必要があるか．

解答　複利の年利を $r = 0.06$ とし，将来価値 A が 1 万ドルとなる現在価値（元金）を P とすると，次のようになる．

$$P = \$10,000/1.06^4 = \$7,920.94$$

計算が正しいことを確認するには，$7,920.94 を年 6%の複利で 4 年間預けた場合に将来価値が 1 万ドルになることを確かめればよい．

● 複利の期間はほかにもある

1年複利の場合，利息は年末に算出されて上乗せされ，新しい残高が翌年の元金として使われる．複利の期間としてほかにもよく使われるのは，半年複利（年2回），四半期複利（年4回），1カ月複利（年12回），1日複利（年360回）だ．銀行が1年を360日として計算しているのは，電卓がなかった時代に計算がいかに難しかったかを思い起こさせる．1年を365日ではなく360日とすれば，半年や四半期，1カ月の複利がはるかに計算しやすくなるからだ．

複利の単位期間の金利 r がわかれば，式［6.3］を使うだけで任意の元金の将来価値を計算できる．N には，複利の期間の回数を入れる．

例題3　メレディスは3000ドルを銀行に預けた．四半期複利の金利が1.5%だとしたら，3年後の残高はいくらになるか．

解答　四半期は1年に4回あるので，3年ならば12回だ．式［6.3］を使って計算すると，次のようになる．

$$A = \$3,000 \times 1.015^{12} = \$3,586.85$$

とはいえ，たいていのローンでは複利の期間ごとの金利 r ではなく，年利が示され，ローンの複利の計算を年に何回するかが指定される．例題3の場合，銀行は年利が6%で，複利の計算を四半期ごとに行うと提示するだろう．四半期複利の金利は，年利6%を，1年間に行われる複利計算の回数である4で割ることによって求められる．

このため，式［6.3］を次のように変更する．元金 P を年利 r で N 年間運用し，複利の計算が1年に t 回行われる場合，将来価値 A は，次の式で求められる．

$$A = P(1 + r/t)^{Nt}$$

例題 4　8000 ドルの元金を，年利 8%という高利回りの社債で 5 年間運用する場合を考えよう．複利計算が 1 年ごとの場合 (a)，半年ごとの場合 (b)，四半期ごとの場合 (c)，1 カ月ごとの場合 (d)，1 日ごとの場合 (e) の将来価値をそれぞれ求めよ．

解答

(a) $A = \$8{,}000 \times 1.08^{5} = \$11{,}754.62$

(b) $A = \$8{,}000 \times 1.04^{10} = \$11{,}841.95$

(c) $A = \$8{,}000 \times 1.02^{20} = \$11{,}887.58$

(d) $A = \$8{,}000 \times 1.0066667^{60} = \$11{,}918.79$

(e) $A = \$8{,}000 \times 1.0002222^{1800} = \$11{,}933.59$

(a) と (b)，ひょっとしたら (c) までなら，指数計算ができる電卓がなくてもできるだろうが，(d) と (e) はそうした電卓がないと計算量が多すぎてとてもできない．

例題 4 からは 2 つのことがわかる．ひとつは，年利は同じでも複利計算の回数が多いほど将来価値が大きくなるということ．もうひとつは，1 カ月複利や 1 日複利の場合，金融電卓や指数計算ができる電卓が複利計算には欠かせないということだ．電子コンピューターが発明される前，「コンピューター」という言葉は機械ではなく，そうした計算に日々従事するために雇われた人たちのことを指していた．「コンピューター」は家電量販店で買えるものではなく，職種だったのだ．

●割賦と分割払い

新車は何万ドルもするし，住宅を購入しようと思ったら何十万ドルもの資金が必要だが，これほど多額の資金をもっている人は少ない．さいわいにも，借りたお金を長い期間をかけて返せるビジネスをやっている会社がある．車ならば4～5年，住宅ならば15～30年が多いだろうか．一般的な仕組みとしては，購入者が「頭金」として購入価格の一部を最初に支払い，残りの額を定期的に（多いのは毎月，2週間ごとという場合もある）分割払いで支払うというものだ．分割払いで毎回支払う額は同じである．

数式の説明に入る前に，一般的な事例を取り上げて，ローンの最初の数回をどう支払っていくかを見てみよう．価格が2万ドルの新車を購入することに決めたとしよう．ディーラーから10%の頭金を求められたので，2000ドルを支払った．残金は1万8000ドルだ．その1万8000ドルをローン会社から6%の金利で借りることにし，毎月の支払額は422.73ドルになると告げられた．最初の支払いはいまから1カ月後だという．

この仕組みの計算はとても単純だ．車を受け取った瞬間から，あなたはローン会社から1万8000ドルを借金することになる．年利が6%ということは，1カ月に0.5%だ．1カ月後には，借りた1万8000ドルに0.5%の金利がかかるので，利息は90ドル．したがって，この時点でローン会社に返済しなければならない金額は1万8090ドルとなる．1回目の返済で422.73ドルを支払うと，ローン残高は$18,090 − $422.73 = $17,667.27に減る．

1回目の返済で422.73ドルを払ったとき，利息の支払いに90ドルが充てられ，残りの$422.73 − $90 = $332.73がローン残高の返済に使われる．この332.73ドルを通常，**元金返済**と呼ぶ．

さらに1カ月経過すると，ローン残高の$17,667.27に対して0.5%

の毎月の金利がかかるが，今回の利息は $88.34 だ．このため，2 回目に $422.73 を支払ったときの元金返済は $422.73 − $88.34 = $334.39 だ．これでローン残高は $17,667.27 − $334.39 = $17,332.88 となる．これ以降も同じで，返済額に占める利息は減り，元金返済は増えて，48 回目の返済で借金はゼロになる．ローン会社から車の所有権証書が送られてきて，車はめでたくあなたのものになるというわけだ．

ローンのこうした返済方法は**割賦**と呼ばれる．表計算ソフトで割賦を計算できるスプレッドシートは数多くあって，インターネットからダウンロードできるし，ウェブサイト上で計算することもできる．前述のローンを計算するスプレッドシートは，次の表のようになるだろう．返済回数は 48 回あるが，最初の 3 回と最後の 3 回だけを示した．

当初のローン残高 = $18,000　分割払い額 = $422.73

返済回数	利息	元金	残高
1	90.00	332.73	17,667.27
2	88.34	334.39	17,332.88
3	86.66	336.07	16,996.81
⋮	⋮	⋮	⋮
46	6.28	416.45	839.21
47	4.20	418.53	420.68
48	2.10	420.63	0.05

見てわかるように，48 回目の支払いが終わってもまだ，少額ながら借金が残っているが，これもちゃんと払わないといけない．最後の支払いを $422.73 ではなく，$422.78 にするように，ローン会社から求められる．たとえ 0.05 ドルでも，100 万人の借り手がいれば，5 万ドルになるのだ．

● 分割払いの計算方法

分割払いの金額を求める式は，代数学を応用してつくる．

k が定数，N が正の整数だとして，以下の和を求める場合を考える．

$$S = k + k^2 + k^3 + \cdots\cdots + k^N \qquad [6.5]$$

両辺に k を掛ける．

$$kS = k^2 + k^3 + \cdots\cdots + k^{N+1} \qquad [6.6]$$

式［6.5］から式［6.6］を引く．

$$S - kS = (k + k^2 + k^3 + \cdots\cdots + k^N) - (k^2 + k^3 + \cdots\cdots + k^{N+1})$$

右辺ではかなりの項が打ち消されて，以下のものだけが残る．

$$(1 - k)S = (k - k^{N+1})$$

したがって，次のようになる．

$$S = (k - k^{N+1}) / (1 - k) \qquad [6.7]$$

分割払いで１回に支払う額を求めるのに使う基本原則は，分割払いするすべての額の現在価値の和は当初の残高に等しい，というものだ．単位期間あたりの金利を i で表すとする（前述の自動車ローンの例では $i = 0.5\%$ で，小数で表すと 0.005 となる）．次に，式［6.4］で，分割払いの毎回の支払額を P とした場合，n 回目の支払い（支払いの単位期間が n 回過ぎた後の支払い）の現在価値は $P/(1+i)^n$ だ．１回目から N 回目までの支払いの現在価値 N の和は，現在の残高 B と等しくなければならない．したがって，次のようになる．

$$B = P/(1+i) + P/(1+i)^2 + \cdots\cdots + P/(1+i)^N = P\ (k + k^2 + \cdots\cdots + k^N)$$

$$\text{ここで } k = 1/(1+i)$$

ややこしい詳細は省くが，式［6.7］をこれに代入してPを求め，式を簡単にすると，このようになる．

$$P = Bi/(1-k^N),\ \text{ここで } k = 1/(1+i) \qquad [6.8]$$

指数計算ができる電卓を利用し，上の式に$B = 18{,}000$と$i = 0.005$と$N = 48$を代入して計算すると，$P = 422.73$となることがわかる．

式［6.8］はアインシュタインの$E = mc^2$ほどの魅力はないかもしれないが，たいていの人が人生のなかで何かを分割払いで購入することを考えれば，アインシュタインの式よりはるかに大きな影響を人々に及ぼすだろう．

第７章をもっと理解するための「集合論」

集合論は，同じ数学でも，算数や代数学とはかなり違った分野だ．算数や代数学の基本的な問題で取り扱うのは計算である．どういったルールで計算するか，最適な計算方法は何か，計算をどこに利用するか，といったものだ．

集合論にも計算の側面はあるのだが，その主な用途は，さまざまな重要な数学の主題の記述と研究の枠組みを提供することである．算数や代数学なしで数学を表現することは不可能だが，集合論を使う数学のほぼすべての分野は，集合論が考案されるはるか以前から存在し，それなしでも立派に続いてきた．

とはいえ，集合論はいったん考案されると，すぐに多様な状況で活用されるようになった．

●集合と内包

数学の新たな分野を構築するときにまずやらなければならないのは，検討すべき対象を定義することだ．集合とは，物の集まりと定義される．当然ながら，ここでこんな疑問が浮かぶ．「物」とは何だろうか？　これを明示することはできないが，たとえば三角形やエイブラハム・リンカーン，数字の７といったものが，その例だ．

集合 S は物を列挙することによって示すことができる．たとえば，S = {1, 2, 3, 4} は，1，2，3，4 という自然数を含んだ集合だ．集合の**要素**（「物」よりもかしこまった用語）を列挙するこの方法は，要素の数が少なければ使いやすいのだが，要素の数が多いと効率が悪いため，代わりに**内包的定義**を利用する．1 から 1000 までの自然数をすべて記述する際には，この方法を使う．内包的定義を用いるときに

は，文字を変数として使って，集合に仲間入りできる「入会条件」を記述する．

内包的定義を利用して集合を記述する例を示そう．たとえば，1から1000までの自然数をすべて含んだ集合Sは，S = {x : xは1から1000までの自然数} と表現する．声に出すときには「Sは，1から1000までの自然数xすべての集合である」と読む．記号xは実際の集合では何らかの役割を果たすわけではないので，「ダミー変数」と呼ばれることもある．同じ集合を，ほかの記号を使って表現することも可能だ．

S = {y : yは1から1000までの自然数}

次のように表してもいい．

S = {☺ : ☺ は1から1000までの自然数}

特定の物tと集合Sがあるとして，tが集合Sに属するかどうかを示すこともできる．tが集合Sに属する場合は$t \in S$と書き，tが集合Sに属さない場合は$t \notin$ Sと書く．記号∈の上に斜線を引くと，それを否定する意味になる．これは一般的な数学の慣例で，たとえば，$2 + 2 \neq 3$と書くと，「2足す2は3ではない」という意味．この慣例は街中の標識にも使われている．煙草の絵に斜線が引いてあれば「禁煙」という意味だ．集合を示すときにはA，B，Cのように大文字を使い，集合の要素を示すときにはa，b，cのように小文字を使う習慣になっている．

例題1 「ジョージ・ワシントンは野球をしなかったアメリカ合衆国大統領のひとりである」という文を，集合を使って表せ．内包的定義と記号∈と∉を使うこと．

解答

A = $\{x : x$ はアメリカ合衆国大統領だった人物$\}$

B = $\{x : x$ は野球をする人物$\}$

ジョージ・ワシントン $\in$ A, ジョージ・ワシントン $\notin$ B

数学的対象の種類（この場合は集合）がいったん定義されると，数多くの疑問が浮かんでくる．これら2つの対象を比較できるのか？ 2つを結合できるのか？　数字に関してはよくある問題だが，こうした問題は新たに数学的対象を研究する際には，たいてい最初に問われるものなのだ．

2つの集合AとBが同じ要素を含んでいる場合，2つは等しい．たとえば A = $\{1, 2, 3, 4\}$ と B = $\{3, 1, 4, 2\}$ は，要素の順序は異なるが，含まれている要素は同じなので等しい（A = B と書く）．その意味で，集合は弁当箱のようなものだ．弁当箱に入っている中身が重要で，それぞれの中身が弁当箱のどこに入っているかや，中身を食べる順番は重要でない．

部分集合

AのすべてのBの要素がBの要素である場合，AはBの**部分集合**であるという．A = $\{1, 2, 3\}$ および B = $\{1, 2, 3, 4\}$ であるならば，AはBの部分集合であり，A $\subseteq$ B と書く．AがBの部分集合である場合，BはAの**上位集合**であるといい，B $\supseteq$ A と書く．AがBの部分集合ではない場合，Aの要素のなかにBの要素でないものがある．会話のなかでは，AはBに含まれるとか，BはAを含むといった言い方をする．

例題2　A = $\{p, q, r\}$ である場合，p はAの部分集合か？　$\{p\}$ はA

の部分集合か？ $\{r, q, p\}$ は A の部分集合か？

解答 p は A の部分集合ではなく，A に含まれている要素だ．$\{p\}$ は p という要素だけを含む集合で，A の部分集合である．$\{r, q, p\}$ のすべての要素は A に含まれているので，これは A の部分集合だ（実際には A そのものであり，A は A の部分集合ということになる）．

集合どうしの部分集合の関係は，ある意味で，数字どうしの関係である「以下」（≤）という概念に似ている．どちらも「等しい」という可能性を含んでいるからだ．$8 \leq 8$ であり，$A \subseteq A$ である（⊆記号の左辺の集合 A に含まれるすべての要素は，⊆記号の右辺の集合 A の要素と同じ）．どちらの記号（≤と⊆）にも下に水平線が付いていて，左辺の対象が右辺の対象と等しい可能性を含んでいる．これと同様に，下の水平線がなくなると，左辺と右辺が等しい可能性が消える．$3 < 5$ は，3 は 5 より小さいことを示し，$A \subset B$ は，A は B の部分集合であるが，B と等しくはないという意味だ（「A は B の**真部分集合**である」と言うこともある）．

≤と⊆の類似性

- 反射性：$a \leq a$ および $A \subseteq A$
- 反対称性：$a \leq b$ および $b \leq a$ ならば，$a = b$

  $A \subseteq B$ および $B \subseteq A$ ならば，$A = B$
- 推移性：$a \leq b$ および $b \leq c$ ならば，$a \leq c$

  $A \subseteq B$ および $B \subseteq C$ ならば，$A \subseteq C$

最初の性質である反射性は一般的に役に立つ何かというよりも観察結果だが，ほかの 2 つの性質は非常に役に立つ．2 つ目の性質である

反対称性は，それぞれがもう一方の部分集合だと示すことによって，2つの集合が等しいことを示すためによく使われる．

全体集合と補集合

集合論はある種の問題を議論するときに有用な枠組みとなるのだが，そうした問題の議論の対象となる項目は限られることが多い．たとえば，正の数や，アメリカ合衆国大統領，ポーカーの手などだ．こうした状況では，**全体集合**を用意しておくとよい．これは，議論の対象となるすべての項目を含んだ集合として，おおまかに見なすことができる．たとえば正の数について議論するときには，大統領やポーカーの手については考えなくてよく，すべての正の数を含んだ全体集合としてUを定義しておくのが賢明だろう．そうすれば，議論の対象となるすべての集合がこの全体集合の部分集合と見なせる．

全体集合の概念は数学の概念の大半とは異なり，やや曖昧な部分がある．たとえば，A = {Iowa, Illinois} および B = {Illinois, Indiana} ならば，全体集合はアメリカの州の名前とも，Iで始まる場所とも考えられる．

いったん全体集合を定義すれば，全体集合に属する要素のうち，1つの集合に属していないすべての要素について議論することもできる．そうした要素の集合は**補集合**と呼び，集合Aの補集合A′は $\{x : x \in \mathrm{U}, x \notin \mathrm{A}\}$ と表す．

例題3　正の整数からなる全体集合をUとする．A = {1, 2, 3} であるとき，A′を言葉による方法と内包的定義の2つの方法で表せ．

解答　A′は3よりも大きいすべての正の整数である．内包的定義を用いると，A′ = {x : x は3よりも大きいすべての正の整数} となる．

補集合は相対的な概念であり，理解するには全体集合が必要になる．たとえば例題3では，補集合 A' を考えるときに，カバのことを考えなくていいのは明らかだ．

論理学と集合論の関係

集合論は論理学と組み合わせると，きわめて役に立つ．変数 x（「x は7より大きな数」など）についての命題を $P(x)$ とすると，$P(x)$ が真となるすべての要素の集合は，$P = \{x : P(x)$ は真$\}$ となる．この場合，P は7よりも大きなすべての数の集合だ．同様に，$Q = \{x : Q(x)$ は真$\}$ と定義する．

$P(x)$ と $Q(x)$ の両方が命題で，集合 P と Q が前述のように定義されていたら，すべての x に関する条件式「もし $P(x)$ ならば $Q(x)$」は，集合論の $P \subseteq Q$ と同じ情報を示している．

たとえば，$P(x)$ が「x は7より大きな数」という命題で，$Q(x)$ が「x は4より大きな数」という命題だとしたら，$P(x) \Rightarrow Q(x)$〔「$P(x)$ が真ならば $Q(x)$ も真」を表す〕であることは明らかだ．$P = \{x : x > 7\}$ および $Q = \{x : x > 4\}$ ならば，$P \subseteq Q$ となる．

空集合

空集合は要素を1つも含んでいない集合だ．集合を弁当箱だとすると，弁当箱の中身が空だということである．空集合は $\varnothing$ と書く．

空集合 $\varnothing$ は数字の0ととても間違いやすい．確かに，両者は似ているのだが，2つはそれぞれ異なる数学大系に属している．中身が空の弁当箱（空集合）と，存在しない中身の購入価格（ゼロ）を混同するようなものだ．

空集合にはきわめて重要な性質がある．それは，空集合はあらゆる集合の部分集合であるということだ．一見，奇妙に思えるのだが，そ

れを証明するには，$\varnothing \subseteq A$ を論理的に否定すればいいだけである．$\varnothing \subseteq A$ が偽ならば，$\varnothing$には A の要素ではない要素が含まれていなければならない．しかし，$\varnothing$には要素がまったく含まれていないので，これは矛盾する．矛盾につながる仮定は偽である．

たとえば，空集合が，すべてのキリンの集合 G の部分集合だとしよう．空集合が部分集合でないとすると，空集合にはキリンが含まれていることになる．

●結びと交わり

ここからは，2 つの集合を結合する方法について考えていく．2 つの数字を結合する（足す，引く，掛ける，割る）と 1 つの数字になるように，2 つの集合を結合すると 1 つの集合になる．集合を結合する基本的な方法には，**交わり**と**結び**の 2 つがある．

2 つの集合 A と B の交わり（**共通部分**）は，両方の集合に共通するすべての要素の集合であり，$A \cap B$ と書く．内包的定義を使って書くと，$A \cap B = \{x : x \in A \text{ および } x \in B\}$ となる．

例題 4　$A = \{1, 2, 3\}$ および $B = \{2, 3, 4\}$ とすると，$A \cap B = \{2, 3\}$ となる．

A と B のあいだに共通する要素がない場合，A と B は**互いに素な集合**という．その場合，$A \cap B = \varnothing$と書く．

例題 5　$A = \{1, 2, 3\}$ および $B = \{4, 5\}$ とすると，A と B は互いに素であり，$A \cap B = \varnothing$となる．

2 つの集合 A と B を結合するもうひとつの方法は，A と B の結び（**和**

集合）だ．2つの集合のいずれか（あるいは両方）に属するすべての要素の集合で，$A \cup B$ と書く．内包的定義を使うと，$A \cup B = \{x : x \in A$ または $x \in B\}$ となる．

2つの集合の定義に使われる「または」は，論理学と同じで，非排他的な「または」である．日常会話で「または」というときには，それが排他的かどうかはたいてい文脈からわかるが，数学で定義に使われる「または」はすべて非排他的だ．

例題6　A = {ネズミ，猫，牛} および B = {犬，ネズミ，猫，豚，ヤク} とすると，$A \cap B$ = {ネズミ，猫}，$A \cup B$ = {ネズミ，猫，牛，犬，豚，ヤク} となる．

例題6で，「猫」はAとBの両方に含まれているが，$A \cup B$ には1つしか記載されていない．弁当箱の中身を尋ねられたとき，「ハムサンドイッチ，えっと，もう1つハムサンドイッチ，フライドポテト，リンゴ」と答えると，くどく感じる．それと同じだ．

3つ以上の集合がかかわるとき，最初に実行すべき演算を示すためには，数字の計算と同様に，丸かっこを使う．A = {アラン，ベティ，キャロル}，B = {ベティ，デビッド，フランク}，C = {アラン，キャロル，エドワード} という3つの集合があるとしよう．$(A \cup B) \cap C$ を求めるときには，最初に $A \cup B$ = {アラン，ベティ，キャロル，デビッド，フランク} を求めてから，$(A \cup B) \cap C$ = {アラン，キャロル} とする．$A \cup (B \cap C)$ を求める場合には，最初に $B \cap C = \varnothing$ と演算するから，$A \cup (B \cap C)$ = {アラン，ベティ，キャロル} となる．このように，$A \cup B \cap C$ という式ではかっこを使って，曖昧な部分をなくさなければならない．

数字の計算（$2 + 3 \times 4$ など）では掛け算を足し算よりも先に実行す

るが，以下のように，集合の結びと交わりの演算にはこうした順序の規則はない．このような演算は**結合的**であると呼ばれる．

$$(A \cup B) \cup C = A \cup (B \cup C)$$
$$(A \cap B) \cap C = A \cap (B \cap C)$$

結びのみ，あるいは交わりのみが含まれている場合，かっこを使う必要はない．しかし，同じ式に両方の演算が含まれている場合は，曖昧さを防ぐためにかっこを使わなければならない．

空集合が数字の 0 と混同される理由のひとつとして考えられるのは，結びと交わりの演算での空集合のふるまいが，足し算と掛け算での数字の 0 のふるまいと似ているという点だ．

$$(1)\ A \cup \varnothing = A$$
$$(2)\ A \cap \varnothing = \varnothing$$

集合論の空集合が数字の 0 と類似していると考えると，（1）は数の性質 $a + 0 = a$，（2）は数の性質 $a \times 0 = 0$ と似ていることになる．

本編第 7 章の事例には，結びと交わりが両方含まれている．リサの動物擁護団体でロビー活動に出席する予定の全メンバーの集合を L，研究所の襲撃を計画しているメンバーの集合を R とすると，$L \cup R$ はすべての活動家の集合で，少なくともいずれかの活動に参加する予定のメンバーを示すことになる．$L \cap R$ は両方の活動に参加する予定の「中核メンバー」を示す．

とりわけ興味深い集合の多くは，それに含まれている要素の数が有限である．A をそうした集合であるとし，A に含まれている要素の数を $N(A)$ とする．A = {アリス，ベティ，キャロル} であるならば，$N(A) = 3$ となる．$N(A) = 3$ となる集合 A は数多くあるが，$N(A) = 0$ となる集合は 1 つしかない．それが空集合だ．

包除原理

106 ページより，数え方の解説の続き

ピートは本編で，数え方に関するきわめて重要な原理を利用している．次のようなものだ．

A と B が有限集合ならば，$N(\mathrm{A} \cup \mathrm{B}) = N(\mathrm{A}) + N(\mathrm{B}) - N(\mathrm{A} \cap \mathrm{B})$

これは確率の研究で重要な役割を果たす有用な数式なので，少し時間をかけて証明する価値がある．

ピートの説明はこうだった．$N(\mathrm{A})$ と $N(\mathrm{B})$ を足すと，$N(\mathrm{A}) + N(\mathrm{B})$ となり，A ∩ B に含まれている要素すべてを 2 回数えることになる．したがって，$N(\mathrm{A} \cup \mathrm{B})$ を $N(\mathrm{A}) + N(\mathrm{B})$ と比較したい場合，$N(\mathrm{A}) + N(\mathrm{B})$ では A ∩ B に含まれているすべての要素が 2 回数えられるのを頭に入れておかなければならない．$N(\mathrm{A}) + N(\mathrm{B}) = N(\mathrm{A} \cup \mathrm{B}) + N(\mathrm{A} \cap \mathrm{B})$ となるのは，A か B のいずれか（両方ではない）に含まれている要素は方程式の両辺で 1 回ずつカウントされ，A ∩ B に含まれている要素は方程式の両辺で 2 回カウントされるからである．両辺から $N(\mathrm{A} \cap \mathrm{B})$ を引くと，包除原理が得られる．

例題 7　家電量販店で，高精細テレビか GoPro カメラを持っている 140 人の顧客にアンケートを実施したところ，そのうち 105 人は高精細テレビを持っていて，28 人が両方を持っていると答えた．GoPro カメラを持っている人は何人か？

解答　これは，包除原理を適用できるわかりやすい例である．高精細テレビの所有者を H，GoPro カメラの所有者を C とすると，$N(\mathrm{H} \cup \mathrm{C}) = 140$．$N(\mathrm{H}) = 105$，$N(\mathrm{H} \cap \mathrm{C}) = 28$ だから，それぞれの数字を $N(\mathrm{H} \cup \mathrm{C}) = N(\mathrm{H}) + N(\mathrm{C}) - N(\mathrm{H} \cap \mathrm{C})$ という式に代入すると，

$140 = 105 + N(\mathrm{C}) - 28 = 77 - N(\mathrm{C})$ となる．したがって，$N(\mathrm{C}) = 140 - 77 = 63$ だ．

2つの集合の差

もうひとつ興味深い集合は，**差集合** $\mathrm{A} \backslash \mathrm{B}$ である．A に含まれていて，B に含まれていないすべての要素の集合だ．$\mathrm{A} \backslash \mathrm{B} = \mathrm{A} \cap \mathrm{B}'$ と書くか，内包的定義を使って $\mathrm{A} \backslash \mathrm{B} = \{x : x \in \mathrm{A}$ および $x \notin \mathrm{B}\}$ と書く．これを説明する前ではあったが，例題5と例題6ではすでに $\mathrm{A} \backslash \mathrm{B}$ の概念を利用した．

例題8　A = {犬，豚，ネズミ，猫，ヤク} および B = {ネズミ，猫} として，A\B を求めよ．さらに，B\A も求めよ．

解答　A\B は，A に含まれていて B に含まれていないすべての要素の集合，つまり {犬，豚，ヤク} だ．B\A は，B に含まれていて A に含まれていないすべての要素の集合だが，該当する要素はないので，∅となる．

ここでは，数の計算と集合論の類似点を説明した．差集合 A\B を求めるとき，集合 A から集合 B の要素を「取り除く」ので，差集合は数字の引き算に似ていると考えたくなる．しかし，この2つが似ていると考えすぎないほうがいい．たとえば，数 b が数 a よりも大きい場合，$a - b$ は負の数になる．一方，集合 B が集合 A よりも「大きい」（つまり $\mathrm{B} \supseteq \mathrm{A}$）の場合，差集合は $\mathrm{A} \backslash \mathrm{B} = \varnothing$，つまり空集合となるのだ．これは例題8の後半に該当する．集合論には負の数に似た概念はないのである．

第 8 章をもっと理解するための「組み合わせ論」

数え方の手法が必要になるのは，膨大な数の物を数えなければならないことがしばしばあるからだ．集合に含まれている要素が 5 個ぐらいしかなければ，単純に数えればいい．だが，集合に含まれている要素が数百個に及ぶと，数えるのに時間がかかるし，数え間違いが起きる可能性がある．数える物の数があまりにも多すぎて，そもそも直接数えられない場合もあるだろう．

数え方のなかでもとりわけ重要な手法のひとつ，包除原理については前章で説明した．その式は以下のとおり．

$$N(\mathrm{A} \cup \mathrm{B}) = N(\mathrm{A}) + N(\mathrm{B}) - N(\mathrm{A} \cap \mathrm{B})$$

この付録では，「連続した選択」にもとづいた数え方について説明したい．多くの決定は，連続した選択にもとづく手順と見なすことができる．レストランでディナーを注文するときには前菜，メイン料理，デザートを順に選ぶし，バスケットボールの監督が先発メンバーを選ぶときには，センター，2 人のフォワード，2 人のガードを選択する．

そもそも数学は，何かを数えるために使われたのが始まりであり，いまでも数え方に関する問題は，確率や統計，決定理論など，主要な数学分野の多くの根底にある．この章で説明する手法は，これ以降の章の説明にも登場する．

● 中華料理店の原理（組み合わせ論）の起源

ピートが第 8 章で口にした中華料理店の原理は，次のような状況から生まれた．中華料理店では，食事の値段が決まっていて，数多くの

前菜のメニューから1品，メイン料理のメニューからを1品選ぶというのが主流だった．次のような2列の表から料理を選ぶのが従来のやり方だ．

◆メニュー◆	
列A（前菜）	列B（メイン料理）
ワンタンスープ スペアリブ シュウマイ 春巻き 餃子	酢豚 鶏肉のレモンソースがけ 牛肉のオイスターソース炒め 鶏肉の野菜炒め エビのあんかけ炒め煮 五目焼きそば チャーハン

客は決まった値段で，列Aから1品，列Bから1品選ぶ．このとき，きっとこんな疑問が浮かんでくるはずだ．この決まった値段の食事で考えられる料理の**組み合わせ**は何通りあるだろうか，と．

前菜とメイン料理のいずれか，あるいは両方が違っていれば，異なる食事と見なす．単純な方法としては，すべての組み合わせを書き出す方法がある．まず，ワンタンスープが前菜の場合の組み合わせをすべて書き出し，次に，スペアリブが前菜の場合の組み合わせをすべて書き出す．この操作を繰り返すのだ．説明を簡単にするために，途中の作業を省略して書くとこうなる．

ワンタンスープ——酢豚

⋮

ワンタンスープ——チャーハン

これで，ワンタンスープを前菜とした食事には7通りの組み合わせがあることがわかる．

スペアリブ――酢豚

⋮

スペアリブ――チャーハン

これにも7通りの組み合わせがあり，ワンタンスープが前菜のものとはどれも異なる．同様に，前菜がシュウマイの場合も7通り，春巻きの場合も7通り，餃子の場合も7通りの組み合わせがある．つまり食事の組み合わせは，$7 + 7 + 7 + 7 + 7 = 5 \times 7 = 35$ 通りあるということだ．

この35という数字は，前菜の種類の数（5）にメイン料理の種類の数（7）を掛けて求めた．ここではそれぞれの前菜ごとに異なる組み合わせの食事を列挙して数えたが，それぞれのメイン料理ごとに組み合わせを列挙しても，結果の数字は同じになる．酢豚がメイン料理の食事は5通りあるし，鶏肉のレモンソースがけも5通りの食事に含まれている．同じ要領でそれぞれのメイン料理の組み合わせを見ると，$5 + 5 + 5 + 5 + 5 + 5 + 5 = 7 \times 5 = 35$ 通りの食事があることになる．これは前述の数字と同じだ．

ここで重要なのは，メイン料理は前菜の種類に関係なく選べるということだ．つまり，前菜を選んだあと，メイン料理としてどれでも1品自由に選べる（メイン料理を先に選んだ場合も同じ）．一方の選択によって他方の選択が限定される場合（たとえば，前菜にシュウマイを選んだ場合に鶏肉のメイン料理が選べないルールになっているとか，スペアリブと酢豚のように2つの豚肉料理を選べないなど），自由に選択できるわけではないので，ここで説明した数え方を使うことはできない．

中華料理店の原理（この言葉はプロの数学者も使うのだが，これはおそらく数学者はあまり裕福ではなく，一般的に料理の値段が高くな

い中華料理店によく集まるからだろう）とは，2 つの選択を自由にできる場合，2 つの組み合わせの数は，それぞれの選択肢の数の積である，というものだ．前述の例で「2 つを選択する」とは，食事の組み合わせを選ぶ作業に相当する．前菜の選択肢の数は 5 で，メイン料理の選択肢の数は 7 だから，2 つの組み合わせの数は $7 \times 5 = 5 \times 7 = 35$ となるのだ．

選択が 2 つの場合

2 つの選択を個別に行える場合，最初の選択肢の数を p，2 番目の選択肢の数を q とすると，2 つの組み合わせの数は pq となる．

選択が 3 つ以上の場合

食事にはデザートが欠かせないので，デザートも食べる場合に中華料理店の原理をどう適用できるかを考えてみよう．先ほど使ったメニューで前菜を列 A（5 種類）から 1 品，メイン料理を列 B（7 種類）から 1 品のほかに，デザートを列 C（3 種類）から 1 品選べて，完全なディナーを食べられるとしよう．この場合，食事の組み合わせは何通りあるだろうか？

この問題を解くのに，長々と分析する必要はない．完全なディナーは，2 つの独立した選択の結果としてみることができる．第 1 の選択は，前菜とメイン料理の組み合わせで，これは 35 通りあることがすでにわかっている．第 2 の選択はデザートで，これは 3 種類ある．したがって中華料理店の原理から，完全なディナーは $35 \times 3 = 105$ 通りあることがわかる．$35 \times 3 = 5 \times 7 \times 3$ と考えればよい．

以上のように，中華料理店の原理は，独立した選択がいくつあっても適用できる．独立した選択の数が 3 つより多い場合も，すべてを選択する組み合わせの数は，それぞれの選択肢の数の積である．これを

表す式を次に示すことにする．

選択が p 個の場合

独立した選択が p 個あり，1 番目の選択の数が N_1 個，2 番目の選択の数が N_2 個，そして，p 番目の選択の数が N_p 個あるとする．この場合，すべての選択の組み合わせの数は，次のように表される．

$$N_1 \times N_2 \times \cdots\cdots \times N_p$$

中華料理店の原理を，料理の数が p 個あるコースとしてみることもできる．1 番目の料理が N_1 種類，2 番目の料理が N_2 種類，そして，最後の料理が N_p 種類あるといった具合だ．

選択の組み合わせに制限がある場合，最初にあらゆる選択の組み合わせの数を計算してから，不可能な組み合わせの数を差し引くことで，可能な組み合わせの総数を求められる．

例題 1 旅行会社のマンモス・ツアーでは，ロサンゼルスからホノルルかアカプルコかバハマかプエルトリコへのパッケージツアーを用意している．交通手段として船か飛行機が選べるほか，ホテルのグレードもファーストクラス，デラックス，エコノミークラスから選べる．船を使った場合にファーストクラスのホテルに泊らなければならないという制限がある場合，利用可能なパッケージツアーの組み合わせは全部で何通りあるか．

解答 行き先，交通手段，ホテルを個別に選択できるので，中華料理店の原理から，パッケージツアーの組み合わせは $4 \times 2 \times 3 = 24$ 通りあることがわかる．一方，制限のために除外される選択の数も，中華料理店の原理によって計算できる．船で行く場合の目的地の種類は 4 で，その場合に利用できないホテルは 2 種類あるの

で，除外されるパッケージは 4 × 2 = 8 だ．したがって，利用可能なパッケージの組み合わせは 24 − 8 = 16 通りとなる．ほかの方法として，船を使うパッケージと飛行機を使うパッケージの数を個別に計算し，その結果を足すこともできる．

第9章をもっと理解するための「確率と期待値」

確率は，主に2つの機能をもつ数学的な手段である．1つ目は既存の情報を要約するという機能で，きわめてわかりやすい．2つ目は未来を予測するという，はるかに興味深い機能だ．とはいえ，確率で提示される「水晶玉」は多少曇っていて，予測できるのは個々のできごとの未来ではなく，長期的な平均値としての未来である．長期的な平均値を正しく利用すれば，未来の計画をより賢く立てられる．

確率という言葉はおそらく天気予報で耳にしているはずだ．テレビで気象予報士が「明日の降水確率は80%」などと言うのを聞いたことがあるだろう．こう聞けば，明日はほぼ確実に雨が降ると直感的に思う．この言葉をもっと厳密に分析すると，あなたはこのように解釈しているのではないか．降水確率は80%だと気象予報士が言った場合，その日の実際の天気を記録すると，1日の80%の時間帯に雨が降り，残りの20%の時間帯には雨が降らない，と．

こうした予測は，日常生活でさまざまな決定に役立つ．明日の降水確率が80%である場合，外出時にはきっと傘を持っていこうと考えるだろうし，ピクニックの計画は立てないはずだ．もちろん，気象予報士の予想が外れる可能性もある．穏やかないい天気になり，ばかみたいに傘を持って歩いていることを後悔したり，こんな素敵な日にピクニックをしなくて悔しい思いをしたりするかもしれない．しかし，もし雨が降って，傘がないために全身ずぶ濡れになったらもっとひどい思いをするし，ピクニックのときに雨が降ったら最悪な状況になるのは目に見えている．判断が正しいという保証はないが，80%という数字はきわめて説得力があるから，外出時には傘を持っていくし，ピクニックは中止にするのだ．もちろん，天気予報で降水確率が100%

だったら，確実に雨が降るということだから決断には困らない．同様に，降水確率が0%だったら雨は降らないから，傘はクローゼットにしまっておくし，ピクニックには出かける．

降水確率の例からわかるように，確率というのは雨が降る「相対度数」を表す数字だ．最低の0%だったら雨は絶対に降らず，最高の100%だったら雨は必ず降る．数字が大きいほど，雨は降りやすい．

●理論上と経験上の確率――標本空間

ロサンゼルスの夏の日は，基本的に「晴れ」「雨」「曇り」の3つに分けられる．これら3つの天候が重ならないとすると，1日はそのいずれかになる．重ならないようにするために，雨が少しでも降れば「雨」，雨は降らなかったが空に雲が出ていたら「曇り」，それ以外を「晴れ」とする．翌日の天気予報はたとえば，雨の確率が20%，晴れの確率が30%，曇りの確率が50%となる．

この例で使われている用語を数学的にいうと，翌日の天気の予報は「実験」となる．実験に対する「結果」として考えられる3つの天候が，晴れ（S），曇り（C），雨（R）ということだ．これら3つの結果は互いに重ならず，すべての確率を網羅していて，実験の**標本空間**と呼ばれる．

ここで，3つの結果に割り当てられている確率を合計すると，20% + 30% + 50% = 100%となることに注目してほしい．確率論をパーセントを用いて記述することは申し分なく可能なのではあるが，後述するように，パーセントの数字を100で割って，0と1のあいだの数を使うほうがよい場合もある．この割り算をすると，雨の確率は0.2となる．通常これは $P(R) = 0.2$ と記述される．同様に，晴れの確率は $P(S) = 0.3$，曇りの確率は $P(C) = 0.5$ と表され，$P(R) + P(S) + P(C) = 0.2 + 0.3 + 0.5 = 1$ となる．

以上の説明をまとめてみよう.

実験，標本空間，確率

「実験」とは，実際に起きたことや発生しうることを観察する行為である．この実験の「結果」は，考えられるさまざまな観察結果を示している．それらの結果は互いに重ならず，考えられるすべての観察結果を網羅しなければならない．

そうした結果の集合が，実験の標本空間だ．そして，すべての結果の確率の和が1になるように，それぞれの結果に0と1のあいだの数字を割り当てたものを，**確率関数**Pという．

結果に割り当てられた確率は，実験が行われたときにその結果が実際に生じる相対的な可能性を示している．ある結果の確率が0の場合，その結果になることはない．ある結果の確率が1の場合，その結果は必ず生じることになる．

実験と標本空間は，確率が結果にどのように割り当てられるかによって，基本的に3つのタイプに分けられる．

まず，確率が主観にもとづいて割り当てられている標本空間．結婚のプロポーズが受け入れられる確率がその例で，プロポーズをするほうの人物はたいていその確率が1に近いと感じているものだ．もちろん例外もある．日頃結婚を申し込まれることが多い有名人にプロポーズする見知らぬ人は，プロポーズが成功するなどとはたいして思っていないはずだ．

確率は経験や実験にもとづいて求めることもある．たとえば，アメフトのクオーターバックが100回のパスを投げた場合に，その成功数が60回，インターセプトが5回，インコンプリート（誰にもキャッチされない）が35回だったというのが，経験によって得られた相対的な頻度だ．これを用いて確率を求めると，P(成功) = 60/100 = 0.6,

P(インターセプト) = 5/100 = 0.05，P(インコンプリート) = 35/100 = 0.35 となる．この事例では，確率は平均として解釈できる．このクオーターバックが 1 回のパスで成功する確率は平均で 0.6，インターセプトの確率は 0.05，インコンプリートの確率は 0.35 だ．

3 つ目のタイプは理論上のモデルで，分析が最も容易な確率である．わかりやすい例として，コイン投げが挙げられる．結果は表（H）と裏（T）．コイン投げの結果として表が出る確率を，記号 P(H) で表す．

例題 1　偏りがないコイン投げ：最も単純な実験のひとつに，偏りがないコイン投げがある．結果は表（H）と裏（T）の 2 つしかなく，表と裏が出る確率が同じなので「偏りがない」と呼ばれる．このため P(H) = P(T) となる．

考えられる結果は H と T しかないから，必ず P(H) + P(T) = 1 となる．P(H) = P(T) であるから，P(H) = P(T) = 1/2 だ．この説明は難しくないだろう．

パーセントで表すと，表が出る確率は 50%，裏が出る確率は 50% だ．この概念は言葉にも取り入れられていて，2 つの結果の確率が同じであることを「フィフティ・フィフティ」（五分五分）と呼ぶことがある．

偏りがないコイン投げは**一様確率空間**の具体的な事例のひとつだ．一様確率空間では，すべての結果が同じ確率であると見なされる．すべての結果が同じ確率である空間の例は，さいころ投げや，52 枚のトランプ 1 組から札を 1 枚引く場面など，数多くある．偏りがないコイン投げの場合を考えれば簡単にわかるだろうが，結果が n 個ある一様確率空間では，それぞれの結果の確率は $1/n$ となる．

6 つの面がある偏りがないさいころを振ったとき，4 の目が出る確

率は 1/6 だ（1 や 2 が出る確率も同じ）．52 枚のトランプ 1 組から札を 1 枚引いたとき，スペードのエースを引く確率は 1/52 である（スペードのキングやクラブの 2 を引く確率も同じ）．

🔍 133 ページより，子どもが 2 人の家族に関する確率の続き

ピートでさえも間違うことがあるのだ！　マーチが男性（B）に会ったとき，その人が兄か弟かは知りようがないので，その人に妹（BG）か姉（GB）がいる可能性のほうが，男兄弟がいる可能性よりも 2 倍高そうに見える．しかし，実は，きょうだいの組み合わせとしては，BB（会ったのが弟の場合），BB（会ったのが兄の場合），BG，GB の 4 通りで，そうなる確率はすべて同じ——これらのうち半分の組み合わせで，マーチが会っていないきょうだいは女の子だ．だから，ディステファノは五分五分の賭けに対して 11 対 10 のオッズを設定していたのだ．たまたま，運が味方しただけだったのだ！

本編でピートは，マーチが質問をした男性に女きょうだいがいる確率に興味をもっていた．質問をした相手がきょうだいのなかで年長かどうかはわからないので，結果は，BG とは限らず，もうひとつの可能性もある．ピートが興味をもっていたのは，実際の結果が，既定の結果の集合（この例では BG と GB の両方を含む集合）に含まれているかどうかだった．

ひとつの標本空間で起きる事象は，結果の集合である．言い換えると，標本空間の部分集合のひとつだ．実験の実際の結果が特定の事象に属する確率を計算するには，その事象に関するすべての結果の確率を足す．ピートは，$P(BG) + P(GB) = 1/3 + 1/3 = 2/3$ という足し算をして，男性のきょうだいが女性である確率を（誤って）2/3 とした．ちなみに，事象を表す際には大文字を使うのが慣例だ．

本編で取り上げた事象（マーチが質問をした男性のきょうだいが女

性）を使うと，A = {BG, GB} とすることができる．だからピートは，P(A) = P(BG) + P(GB) = 2/3 と計算した．この事例を一般化すると，事象 E の確率 P(E) は，事象 E で生じうるすべての結果の確率の合計となる．

空集合 ∅ も，結果の集合を表している．正確に言うと，結果がないことを示す．ひとつの実験を行ったとき，何らかの結果が観察されるのはわかるから，結果が何も生じない確率は0となる．空集合は「空事象」と呼ばれることもあり，P(∅) = 0 となる．

S を標本空間全体とすると，S で生じうるすべての結果の確率の合計は 1 だから，P(S) = 1 だ．標本空間全体は**全事象**と呼ばれることもある．

期待値

これで確率の計算方法はわかったが，それを利用してどのように計画を立てればよいだろうか．生じた結果や事象が利得に関係している状況は多い．マーチとディステファノの賭けのように利得が現金になることもあるが，金額以外の単位で表されることもある．たとえば，従業員が病気になる確率を計算して勤務時間の観点から支払いを査定することもあれば，出荷物に不良品が含まれる確率を計算して不良品の観点から支払いを査定することもある．

簡単な例から始めよう．52 枚のトランプ 1 組から札を 1 枚引き，それが絵札だったら，気前のいい人物が 5 ドルをくれ，絵札以外だったらその人物に 1 ドルを渡すゲームを考えてみよう．札を 1 枚引き，支払いが行われたら，そのカードを戻し，札をシャッフルしてから，再び引くというルールだ．

このゲームを 52 回実施して，全種類の札を 1 回ずつ引いたとすると，12 枚の絵札についてそれぞれ 5 ドルずつ受け取り，ほかの 40 枚

の札についてそれぞれ1ドルずつ支払うことになる．したがって，最終的な儲けは(12 × \$5) − (40 × \$1) = \$20 となる．52回実施するので，1回ごとの儲けの平均は \$20/52 で，およそ 0.38 ドルだ．このとき，「1ゲームごとに期待される儲け」は 0.38 ドルであると言う．

同じ数字 0.38 ドルは，別の方法でも算出できる．「絵札を引く」という事象をFとし，「絵札以外の札を引く」という事象をNとすると，先ほど［(12 × \$5) − (40 × \$1)］/52 という式で求めた1ゲームごとに期待される儲けは，次のように表すこともできる．

$$(12 \times \$5 - 40 \times \$1)/52 = 12/52 \times \$5 + 40/52 \times (-\$1)$$
$$= \mathrm{P(F)} \times \mathrm{V(F)} + \mathrm{P(N)} \times \mathrm{V(N)}$$

ここで，V(F) は絵札を引いたときの金額（\$5），V(N) は絵札以外の札を引いたときの金額（−\$1）だ．

この式を利用すれば，どんなゲームにおいても1プレイあたりの儲けの平均値を計算できる「レシピ」がわかる．1つの事象におけるそれぞれの結果の利得が同じである事象に，ゲームを分ける．このゲームでは，2つの事象(FとN)は，Fでの結果は1回につき5ドルの利得，Nでの結果は1回につき−1ドルの利得が得られるという事実によって決まる．それぞれの事象の確率と，それに関連する利得を掛けて，結果を足し合わせたのが，1プレイあたりの儲けの平均値だ．これをゲームの**期待値**と呼び，通常Eで表す．期待値が0であるゲームを「偏りがないゲーム」と呼ぶ．

期待値の定義

実験の結果が $x_1, \cdots\cdots, x_N$ であるとする．

結果 x に関連する確率を $\mathrm{P}(x)$，結果 x に関連する利得（値）を $\mathrm{V}(x)$ とすると，期待値Eは次のように定義される．

$$E = P(x_1)\,V(x_1) + \cdots\cdots + P(x_N)\,V(x_N)$$

利得は期待値を計算する対象の人物から見て，正の値になる．いくつかの異なる結果の利得が同じである場合，それらをまとめてひとつの事象として扱うのが自然だ．そのあとに，上記の式の x_1 を1番目の事象に置き換え，以下同様の手順を繰り返して期待値を計算する．

これもピートが本編で使った方法だ．彼は，マーチが10ドルを3回賭けたときに1回勝ち，2回負けると想定して，マーチに期待値を説明した．2つの事象をS（質問した人物とそのきょうだいの性別が同じ）とO（質問した人物とそのきょうだいの性別が異なる）で表す．このゲームのルールでは，マーチが10ドルを賭けた場合，$V(S) = \$11$, $V(O) = -\$10$ となる．すでに説明したように，$P(S) = 1/3$, $P(O) = 2/3$ と考えたわけなので，期待値は次のように計算された．

$$E = P(S) \times V(S) + P(O) \times V(O) = 1/3 \times \$11 + 2/3 \times (-\$10) = -\$3$$

ピートが（ディステファノから見た）期待値を「30%」と表現したのを覚えているだろうか．1回の賭け金が10ドルなのか，100ドルなのか，1000ドルなのかがはっきりしないので，ここでは，1回の賭け金が10単位であると仮定する．その場合，期待される損失は3単位となる．10単位が賭け金であることを考えると，賭け金1単位あたりに期待される損失の割合は30%だ．このように，パーセントはゲームの期待値を表すのに便利な表現である．

賭け率（オッズ）

ゲームに結果が2種類しかない場合，プレイヤーがどれだけ勝つかとどれだけ負けるかの比で利得が表されることがある．オッズが3対1と表現されている場合，プレイヤーは勝った場合に3単位を獲得し，

負けた場合に1単位を失う．オッズが3対1というのは，プレイヤーは勝った場合，負けた場合に失う単位の3倍得られる状況を示している．

オッズが2対5の場合，プレイヤーは2単位を獲得する可能性がある一方で，5単位を失うおそれがある．オッズは自然数で表せる最も単純な比率で示す慣例になっている．オッズが1対1の場合，「同額配当」と呼ばれることもある．

例題2　イギリスのブックメーカー（イギリスでは賭けが合法というだけでなく立派な職業だ）が，近々行われるボートレースでオックスフォードに300ポンド，ケンブリッジに200ポンドの賭け金を集めた．ブックメーカーの手数料が50ポンドとした場合，それぞれの学校にどれぐらいのオッズを設定すべきか．

解答　合計500ドルの賭け金が集まったので，手数料を引くと，残りは450ポンドになる．オックスフォードに賭けた人は300ポンドを失うおそれがあるが，450ポンドを獲得する可能性もある．だから，オックスフォードに賭けた人には450対300，つまり3対2のオッズを設定する．同様に，ケンブリッジへの賭け金は200ポンドだから，ケンブリッジに賭けた人には450対200，つまり9対4のオッズを設定する．

例題2では，合計金額の0.6倍がオックスフォードに賭けられているので，オックスフォードがレースに勝つ確率は0.6だと考えるのが妥当だ．この場合，オックスフォードに賭けた人の期待値は次のようになる．

$$E = (0.6 \times 150) + (0.4 \times -300) = -30$$

一方，この場合，オックスフォードに賭けた人の期待値をパーセントで表すと，こうなる．

$$100 \times -30/300 = -10\%$$

期待値が関係しているのはゲームだけではない．保険会社が保険を売るときや，企業が新製品を発売するときにも，期待値は計算される．投資に見込みがあるかどうかを判断するためにも，それに関連する期待値が計算される．ときには，不完全な情報にもとづいて確率や利得を推定しなければならないこともある．企業は通常，好ましい期待値が見込める場合にだけ，新製品を発売するものだ．

第 10 章をもっと理解するための「条件付き確率」

146 ページより，条件付き確率の説明の続き

まず，第 10 章の冒頭に書かれたジュリーのジレンマ（現状維持か，選択を変えるか）を分析してみよう．ジュリーは当初，デビーがワイアットと結婚すると考えた．脚本家はジュリーが関与するはるか前に，デビーの結婚相手を決めていたはずだ．シルクテックス・シャンプーの側からすると，ワイアットがモントレーで昏睡状態に陥ったら，何の盛り上がりもなくなってしまう．ワイアットが結婚相手になる見込みがなくなるわけだから，ジュリーの選択が正しいかどうかに誰も注目しなくなる．このため脚本家は，ジュリーが選択しなかったエリソンかローウェルを交通事故に巻き込むようにいわれたのだ．

デビーが誰を結婚相手に選びそうかという情報は事前になかったので，彼女がエリソン，ワイアット，ローウェルと結婚する可能性はそれぞれ同じと見なすことができる．

ケース 1　デビーがワイアットと結婚する．エリソンかローウェルが交通事故に遭う．この場合，ジュリーは選択を変えるべきではない（選択を変えるのに 5000 ドル払わなければならないうえに，10 万ドルの賞金も逃す）．

ケース 2　デビーがローウェルと結婚する．脚本家はエリソンが交通事故に遭うシナリオを書くようにいわれた．ジュリーは選択を変えれば 10 万ドルの賞金を手にする．

ケース 3　デビーがエリソンと結婚する．脚本家はローウェルが交通事故に遭うシナリオを書くようにいわれただろう．この場合も，

ジュリーは選択を変えるのが正解だ.

ここで重要なのは，ジュリーがデビーの結婚相手としてワイアットを選んだら，脚本家はエリソンかローウェルが交通事故に遭うシナリオを書くことになるということだ．したがって，3 つのケースのうち 2 つでは，ジュリーは 5000 ドルを払って選択を変える判断をするのが正しいことになる.

脚本家は，エリソンかローウェルを交通事故に巻き込むという「条件」を与えられている．これによって，実験の標本空間は元の標本空間（デビーが 3 人のうちの誰かと結婚する）から，元の標本空間の部分集合（デビーがワイアットかローウェルのどちらかと結婚する）に変更された．エリソンが交通事故に遭ったため，元の標本空間 {ワイアット，エリソン，ローウェル} が変更され，{ワイアット，ローウェル} になったということだ．このように追加情報がもたらされた結果として変更された標本空間を取り扱うときには，**条件付き確率**を考える.

ジュリーが選択を変えるべきという議論はなかなか理解しにくく，たいていの人の性に合わない．全米の雑誌に掲載されるコラムでこの問題と似た問題（数学者には「モンティ・ホール問題」として知られる）を取り上げたところ，コラムの筆者によれば，大反響を巻き起こし，学歴のかなり高い人のなかにも間違った結論に達した例があったそうだ！

● 条件付き確率

賭けポーカーといえばほぼ 1 世紀にわたって「ファイブ・カード・スタッド」を指していたが，賞金額が大きいポーカーがテレビ中継されるようになると,「テキサス・ホールデム」が選ばれるようになった.

テキサス・ホールデムでは，最初に各プレイヤーに 2 枚の札が伏せた状態で配られ，その本人しか札の内容を知らないようにする．そして賭けが終わると，テーブルの中央に置かれた 3 枚の札がいっせいに開示される（これは「フロップ」と呼ばれる）．それぞれのプレイヤーはこの 3 枚の札と手元の 2 枚の札を合わせて役を決める．

一方，ファイブ・カード・スタッドでは，最初に各プレイヤーに 1 枚の札が伏せた状態で（本人しか札の内容を知らない），もう 1 枚が表を見せた状態で配られ（これは全員に見える），1 回目の賭けが行われる．賭けが終わると，再び各プレイヤーに 1 枚の札が表の状態で配られ，また賭けが行われる．この作業は，1 人を除いた全プレイヤーがゲームを降りる（ほかのプレイヤーの賭けに応じないことにする）までか，残っているプレイヤー全員に 5 枚の札（裏が 1 枚，表が 4 枚）が配られるまで続けられる．

ファイブ・カード・スタッドのゲームで，あなたにはクラブのエースが伏せた状態で配られ，ハートのエースと，ダイヤの 4，5，6 の札が表を向けて配られたとしよう．エースのワンペアだ．一方，対戦者のドクに配られたのは，スペードの 5，7，9，クイーンであることがわかっている．すぐにわかるのは，ドクが伏せている札がスペードだったらフラッシュになることと，自分に見えていない 43 枚の札のうち 9 枚がスペードであることだ．この情報だけにもとづけば，ドクが勝つ確率は 9/43 だが，あなたが勝つ確率は 1 − 9/43 = 34/43 もある．

ドクはしかし，重大な間違いを犯していた．大きな鏡を背にして座り，自分の持ち札を見たときに，それが少し鏡に映って見えるのだ．札が何かまでは特定できないが，何らかの情報がわかる．このとき，3 つの状況について考えてみよう．

ケース 1　黒い色が見えた場合．ドクの札は見えない 21 枚の黒札の

1 枚だ（1 組のトランプに含まれる 26 枚の黒札のうち，自分のクラブのエースと，ドクの 4 枚のスペードはすでに見えている）．21 枚のうち 9 枚がスペードだから，ドクが勝つ確率は 9/21 = 3/7，あなたが勝つ確率は 1 − 3/7 = 4/7 に下がる．

ケース 2　赤い色が見えた場合．ドクの札は見えない 22 枚の赤札の 1 枚で（自分のハートのエースと，ダイヤの 4，5，6 はすでに見えている），スペードであることはあり得ない．ドクが勝つ確率は 0/22 = 0 だから，あなたが勝つのは確実だ！　ドクがチップをいじって手を強そうに見せかけ，こっちを追い出そうとするのを見て，あなたは喜ぶのだ．

ケース 3　絵札の模様が見えた場合．ドクの札は見えない 11 枚の絵札で（ドクのスペードのクイーンはすでに見えている），そのうち 2 枚はスペードの絵札（ジャックかキング）だ．ドクが勝つ確率は 2/11 で，あなたが勝つ確率は 1 − 2/11 = 9/11 となる．

これら 3 つのケースのそれぞれが，条件付き確率の問題に当たる．もともとの状況では，ドクの札に関する情報は何もない．したがって，この実験に関する標本空間 S は，配られていない未知の 43 枚の札すべてであり，事象 D（ドクが勝つ札を持っている）には見えていない 9 枚のスペードすべてが含まれる．これは一様確率空間なので，P(D) = N(D)/N(S) = 9/43 となる．

前述の 3 つのケースそれぞれで，実験の標本空間を変える情報がもたらされた．新しい標本空間は，元の標本空間 S の部分集合だ．ドクが勝つ事象も，新しい標本空間で生じうる結果によって変わった．たとえばケース 3 では，新しい標本空間 F は見えない絵札すべての集合で，ドクが勝つ事象には見えない絵札のうちスペードだけが含まれる．元の状況でドクの勝ち札だった 8 枚のスペードは，変更後の標

本空間Fに属せなくなったという事実から，勝ち札ではなくなった．

●Bが起きたときのAの確率

この事例をもっと一般的な観点で考えてみよう．標本空間SにAとBという2つの事象があるとする．事象Bがすでに起きた場合に事象Aが起きる確率をP(A|B)と定義すると（記号A|Bは「Bの下でのA」と読む），条件付き確率P(A|B)は次の式で表される．

$$P(A \mid B) = P(A \cap B)/P(B) \qquad [10.1]$$

この定義では，前述のポーカーの問題で考えた3つのケースで行った計算と同じ結果が得られる．たとえばケース3では，ドクが勝つ事象（ドクの見えない札がスペード）をD，ドクの見えない札が絵札であるという事象をBとすると，ドクの見えない札がスペードの絵札である事象は$D \cap B$となる．すでに計算したように，$P(D \mid B) = 2/11$だ．$N(B) = 11$で，$N(D \cap B) = 2$であるので，元の標本空間S（見えない札に関する情報がない）では$P(B) = 11/43$で，$P(D \cap B) = 2/43$となる．したがって，

$$P(D \mid B) = P(D \cap B)/P(B) = (2/43)/(11/43) = 2/11$$

となる．

第 11 章をもっと理解するための「統計学」

●嘘，真っ赤な嘘，そして統計

統計は日常生活にあふれている．株式市場（ダウ平均）や，娯楽産業（ニールセン視聴率），スポーツ（野球の打率），経済レポート（消費者物価指数）など，さまざまな分野に関する統計情報を新聞やテレビで目にするだろう．誰もが統計を利用して，自分の主張の正しさを証明しようとする．

だから，統計についてもっとよく知ってもらう必要がありそうだ．なぜなら統計は特定の視点を強調して真実を隠すために使われていると，多くの人が考えているからだ．その見方がよく表れているのが，19 世紀イギリスの政治家ディズレーリが残したこの言葉だ．「嘘には 3 種類ある．嘘，真っ赤な嘘，そして統計である」

統計はデータを要約して役立てやすくするためによく利用される．データの収集や処理が熱心に行われつつある社会では，押し寄せるデータに圧倒されそうだ．膨大な量のデータを生のまま理解するのは不可能だが，それは生データが本質的に理解できないものというわけではなく，単にデータ量が多すぎるからである．2012 年のアメリカ大統領選挙の結果を理解するために，1 億人すべての有権者がそれぞれ誰に投票したかまで知りたいと思う人はいない．オバマとロムニーの得票数でさえ知らなくてもいい．それぞれの候補者に投票した人のパーセンテージさえ知っておけばいいのだ．

そうしたパーセンテージは，統計学の基本的なツールのひとつである確率分布を構成する要素だ．確率には経験と予測の側面があるとすでに説明したが，同じことは統計についても言える．データをどのように要約するか，そして，賢明な判断をするために統計をどう使えば

いいのか．この2つが，統計学の基本的な問いである．

●確率変数，分布，グラフ

この節では，考えられる結果が$O_1, O_2, \cdots\cdots, O_n$である実験の標本空間をSとする．ある晩のバスケットボールの試合で，レブロン・ジェイムズは2ポイントのシュートを8本決めて7本外し，3ポイントのシュートを2本決めて3本外した．この実験の標本空間はレブロン・ジェイムズによるシュートであり，次のような結果が考えられる．

O_1＝2ポイントのシュートを決める
O_2＝2ポイントのシュートを外す
O_3＝3ポイントのシュートを決める
O_4＝3ポイントのシュートを外す

この情報は試合翌日の新聞に載ったボックススコアから入手できる．これは，数字の1，2，3，4からなる領域をもった関数Xとして要約可能で，その値は次のとおりだ．

$$X(1)=8 \quad X(2)=7 \quad X(3)=2 \quad X(4)=3$$

ここで定義した関数X（標本空間Sに関連する）は**確率変数**と呼ばれる．確率変数は領域（許容される入力値）が標本空間の結果で，範囲（関数の出力値）が数字である関数を指す．確率変数を表すときにはX，Y，Zなど，アルファベットのうしろのほうの大文字を使うのが慣例となっている．

確率変数の範囲が負ではない整数である場合，確率変数を表す際には「度数分布」という用語が使われる．先ほど定義した確率変数Xも度数分布だ．X(1)はレブロン・ジェイムズが2ポイントのシュートを決めた数，X(2)はレブロン・ジェイムズが2ポイントのシュー

トを外した数，といった具合だ．

前述のバスケットボールの試合で，レブロン・ジェイムズが放ったシュートの合計は，$X(1)+X(2)+X(3)+X(4)=8+7+2+3=20$ 本だ．ここで $Y(1)=X(1)/20=8/20=0.4$ と定義すると，レブロン・ジェイムズのシュートをランダムに 1 本選んだ場合，そのシュートで 2 ポイント獲得する確率は 0.4 となる，というのが確率的な解釈だ（パーセンテージによる解釈では，レブロン・ジェイムズは放ったシュートの 40％で 2 ポイントを獲得するということになる）．同様に，$Y(2)=X(2)/20=0.35$，$Y(3)=X(3)/20=0.1$，そして $Y(4)=X(4)/20=0.15$ とすると，$Y(1)+Y(2)+Y(3)+Y(4)=0.4+0.35+0.1+0.15=1$ となる．関数 Y は確率変数であると同時に，確率関数でもある．確率関数でもある確率変数は**確率分布**と呼ばれる．

ここで，レブロン・ジェイムズのシュートに関係する確率変数を X とする．確率 P を使うと，レブロン・ジェイムズのシュートに関係するさまざまな確率を，ほかの文字（Y など）を使わずに考えることができる．たとえば，以下の表記を考える．

$$P(X=1)=0.4$$

この式は「確率変数 X の値が 1 である確率は 0.4」という意味だ．こうした表記は，度数分布に関連する確率分布を記述する際によく使用される．

例題 1　ルタバガ・バイオテックには，年棒 4 万ドル未満の従業員が 27 人，年棒 4 万ドルから 8 万ドル未満が 16 人，年棒 8 万ドル以上が 7 人いる．この実験に関連する標本空間，度数分布，確率分布を示せ．

解答　O_1 = 年棒 4 万ドル未満の従業員，O_2 = 年棒 4 万ドルから 8 万

ドル未満の従業員，O_3 = 年棒 8 万ドル以上の従業員．度数分布は次のような確率変数 X である．

$$X(1) = 27 \quad X(2) = 16 \quad X(3) = 7$$

27 + 16 + 7 = 50 なので，この確率変数に関連する確率分布は P（X = 1）= 27/50 = 0.54，P（X = 2）= 16/50 = 0.32，P（X = 3）= 7/50 = 0.14 となる．

例題 1 では，標本空間の結果の記述方法にいくつか選択肢がある．ひとつは，考えられる結果を O_1 = 年棒 $1，$O_2$ = 年棒 $2 などというように，ルタバガ・バイオテックの従業員の年棒の最高額まで記述すること．結果が 8 万個を超える実験を記述することになるので，明らかに煩雑だ．こうするのではなく，考えられる結果として実際の年棒を使うこともできる．この場合，標本空間に含まれる結果は，全員の年棒が異なる場合でも 50 個に限られる．しかし実際に選択されたのは，考えられる値の範囲を結果として用いる方法だ．例題 1 では，結果が 3 つしかない標本空間を用いた賢明な選択によって，ルタバガ・バイオテックの給与構造がわかりやすくなった．

● 中心傾向と散布度

選挙活動が盛んになると，きわめて複雑な見解をぎゅっと凝縮した，覚えやすいフレーズやスローガンをいたるところで耳にする．度数分布もまた複雑になることがあるので，そうしたスローガンにあたるような数字，つまり分布の情報の大半を簡潔に表すような数値を見つけることへの関心は非常に高い．この方法は 2 つある．分布の中央部に位置する**中心傾向**を使う方法と，分布が中心の周囲にどのぐらい集まっているかを示す**散布度**（ばらつき）を使う方法だ．

平均：中心傾向の尺度

分布の中間の値はおなじみの平均値である．$X_1, \cdots\cdots, X_n$ という数字があるとき，平均値 μ（ギリシャ文字のミュー）は次のようになる．

$$\mu = (X_1 + \cdots\cdots + X_n)/n \qquad [11.1]$$

例題 2　大リーグのシカゴ・カブスのピッチャーは，6 連戦のホームゲームで，4 点，8 点，9 点，6 点，6 点，9 点の自責点を許した（本拠地のリグレー・フィールドでは強風が吹いていたのだ）．この分布の平均値を求めよ．

解答　平均値は $\mu = (4+8+9+6+6+9)/6 = 7$ である．

標準偏差：ばらつきの尺度

標準偏差は σ（ギリシャ語の小文字のシグマ）で示され，次のような式で表される．

$$\sigma = \sqrt{\frac{(X_1-\mu)^2 + (X_2-\mu)^2 + \cdots + (X_n-\mu)^2}{n-1}} \qquad [11.2]$$

堂々とした風格があるこの式は，次の手順で計算する．

手順 1　平均値を求める．

手順 2　すべての偏差の 2 乗の和を求める．

手順 3　手順 2 の結果を，データ数から 1 を引いた値で割る．

手順 4　手順 3 の結果の平方根が σ となる．

標準偏差の計算は面倒に思えるが，いまではコンピューターで簡単に計算できるし（エクセルのような表計算ソフトにはたいていこの機能がある），電卓を使ってもそれほど難しくない．実際，多くの計

算機にはひとつのデータセットの標準偏差を求めるためのプログラムが組み込まれているのだ．単にデータを入力すれば，結果が表示される．

例題 3　例題 2 の自責点の標準偏差を求めよ．

解答　平均値が 7 であることはわかっているから，偏差は−3，−1（2 回），1，2（2 回）となる．偏差の 2 乗は 9，1（3 回），4（2 回）だから，その和は 20．標本には 6 個のデータが含まれているので，20 を $6-1=5$ で割ると，その答えは 4 だ．この数字の平方根を求めると $\sigma=2.00$ となる．この例ならば，計算機がなくても計算できる．

標準偏差はかなり複雑に見えるが，それをもとに予測ができるという大きな利点がある．

● 正規分布

テレサ・ミドルベリーがフリースローを 100 本のうち何本決めるかを調べてほしいとフレディに言ったとき，ピートには，テレサが決めるフリースローの本数が自然数になることがわかっていた．本数が 72.1 や 86.437 といった数になることはありえない．テレサが 100 本投げたときに決めるフリースローの本数は，**離散型**の確率変数の一例だ．値の数が決まっていて有限な確率変数である（テレサの事例では 0 から 100）．

一方，ピートがフレディにテレサの身長を測るように頼んだとすると，フレディが精度の高い測定器を持っていれば，64.18 インチや 67.304 インチなど，あらゆる数値をとる可能性がある．確かに通常は小数点以下を四捨五入するか，せいぜい 0.5 インチ刻みでしか測らな

いが，それより詳しく測ることは可能だ．あらゆる数値が（一定の範囲内で）考えられる確率変数は**連続型**と呼ばれる．

多くの連続型の確率変数は，図 11.1（バスケットボール選手の身長を示した仮想の分布）に示したような形の分布をしている．この曲線は**確率密度関数**と呼ばれ，曲線の内側の総面積が 1 であるという性質をもっている．身長の平均値が 78 インチで標準偏差が 4 インチの分布からランダムにバスケットボール選手を選んだとき，身長が 74 インチから 81 インチのあいだである確率は，図 11.1 で塗りつぶされた領域の面積に等しい．これはまた，74 インチから 81 インチの分布に含まれるバスケットボール選手の割合としても解釈できる．

図 11.1 のような釣鐘形の曲線は特殊な種類の分布であり，**正規分布**と呼ばれている．正規分布は多くの連続型確率変数の特徴であるだけでなく，多くの離散型確率変数の近似としても優れているので，きわめて重要だ（ピートもこのことを本編で言っていた）．

平均値 μ，標準偏差 σ である分布の種類は数多くある．しかし，平

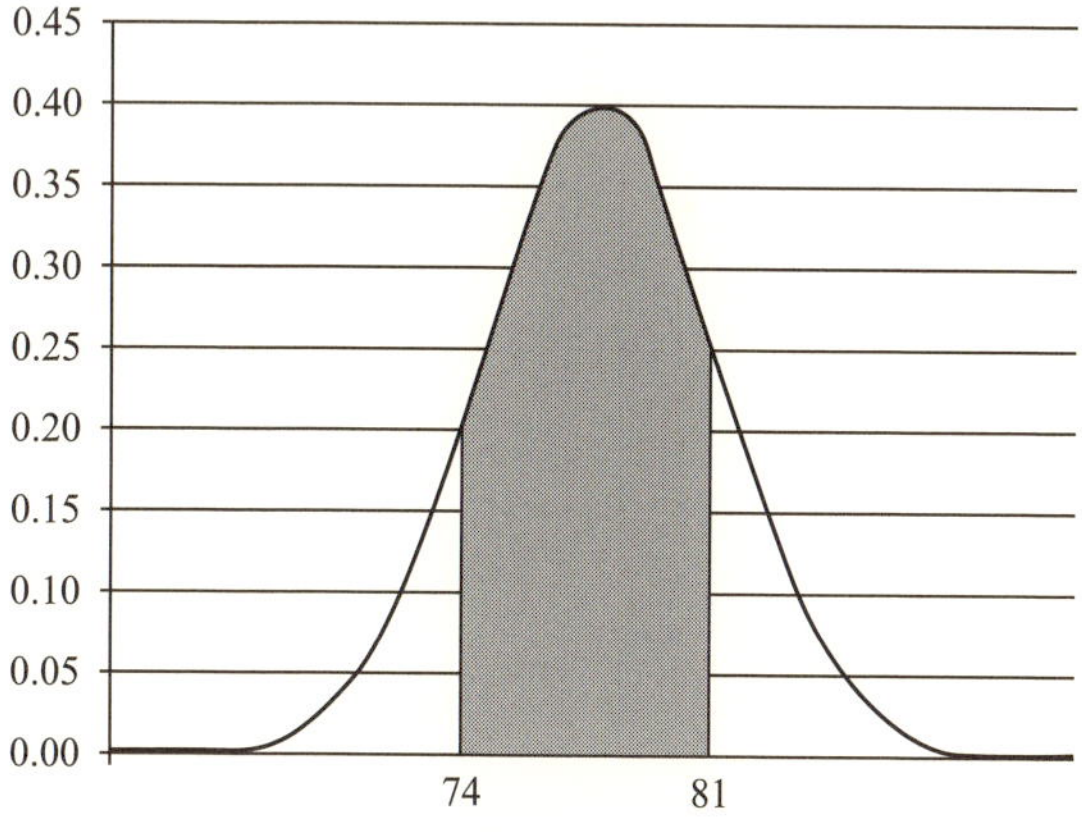

図 11.1

均値 μ，標準偏差 σ である正規分布は 1 つしかない．このため，ある正規分布の平均値と標準偏差がわかっていれば，釣鐘形曲線の形はおのずと決まってくる．いったん曲線を描いたら，その分布に関するあらゆる問題を解くことができる．

● 二項分布

161 ページより，二項分布の説明の続き

第 11 章の本編には，テレサ・ミドルベリーがフリースローを 80% の確率で決められると書かれていた（これは NBA の標準から見てもかなり優秀だ！）．彼女がフリースローを 2 本に 1 本決める確率はどれぐらいだろうか？

この問題を分析する際，それぞれのフリースローが独立している（最初の 1 本を決めても外しても，次の 1 本を決める確率は同じ 0.8 である）と見なす必要がある．前に説明したように，2 つの事象が独立している場合，両方の事象が起きる確率はそれぞれの事象が起きる確率を掛けることによって得られる．彼女が 1 本目を決めて 2 本目を外す確率は，$0.8 \times 0.2 = 0.16$．同様に，1 本目を外して 2 本目を決める確率は $0.2 \times 0.8 = 0.16$ だ．したがって，彼女が 2 本に 1 本決める確率は $2 \times 0.16 = 0.32$ となる．

次に，テレサが 100 本のフリースローのうちのちょうど 80 本を決める確率を考えてみよう．ひとつの考え方として，最初の 80 本を決めて，それ以降の 20 本を外すという例を挙げる．フリースローはそれぞれ独立しているので，確率は $0.8 \times \cdots \times 0.8 \times 0.2 \times \cdots \times 0.2 = 0.8^{80} \times 0.2^{20}$ を計算することによって求められる．ふたつ目の考え方として，最初の 20 本を外し，それ以降の 80 本を決めるというのもある．これが起きる確率は，$0.2 \times \cdots \times 0.2 \times 0.8 \times \cdots \times 0.8 = 0.2^{20} \times 0.8^{80} =$

$0.8^{80} \times 0.2^{20}$ だ．さらに，最初の 10 本を外し，次の 80 本を連続で決めて，最後の 10 本を外すという例もある．これが起きる確率は，$0.2 \times \cdots \times 0.2 \times 0.8 \times \cdots \times 0.8 \times 0.2 \times \cdots \times 0.2 = 0.2^{10} \times 0.8^{80} \times 0.2^{10} = 0.8^{80} \times 0.2^{20}$ となる．テレサが 80 本を決め，20 本を外す順序がどのようなものであっても，彼女がその順序でフリースローを決める確率は $0.8^{80} \times 0.2^{20}$ だ．

テレサが 100 本のフリースローのうちのちょうど 80 本を決める確率を計算するには，彼女が 80 本決めて 20 本外すさまざまな順序について，$0.8^{80} \times 0.2^{20}$ を 1 回ずつ足さなければならない．そうした順序はいくつあるのだろうか．数字が書かれたボールが容器の中に 100 個入っていて，そのうちの 80 個を選ぶ場合，選んだボールに書かれた番号のフリースローを決め，それ以外のフリースローを外すと考えることもできる．したがって，たとえば 11 から 90 までの番号が書かれた 80 個のボールを選んだ場合，テレサは最初の 10 本を外し，11 番目から 90 番目までのフリースローを決めて，最後の 10 本を外すと考える．

100 個のボールのなかから 80 個の数字つきボールを選ぶ組み合わせの数は，$100!/(80! \times 20!)$ だ（! は階乗を示し，$n! = 1 \times 2 \times 3 \times \cdots\cdots \times n$）．したがって，テレサが 100 本のフリースローのうちのちょうど 80 本を決める確率は，$[100!/(80! \times 20!)] \times 0.8^{80} \times 0.2^{20}$ で，およそ 0.0993 となる．

上記の式で本当に重要な数字は 3 つだけだ．これら 3 つの数字を知っていれば，ほかの数字を求めることができる．1 番目の数字は 100．テレサが放つフリースローの本数だ．2 番目の数字は，テレサが決めるフリースローの本数である 80．そして，3 番目の数字は，テレサが 1 本のフリースローを決める確率を表す 0.8 だ．テレサがフリースローを外す確率 0.2 は $1 - 0.8$ であるし，テレサが外すフリー

スローの本数 20 は 100 − 80 を計算すれば求められる．

それではこれを一般化してみよう．任意の選手にフリースローを N 回投げさせる場合を考える．その選手がフリースローを決める確率は p で，それぞれのスローは独立している．このときフリースローをちょうど k 回決める（そして $N-k$ 回外す）確率は，次の式で表される．

$$C(N, k) \times p^k \times (1-p)^{N-k}, \text{ ここで } C(N, k) = N!/[k! \times (N-k)!] \quad [11.3]$$

この二項分布の公式は幅広い場面で使うことができる．二項分布は次の式で表される理論上の確率分布だ．

$$P(X=k) = C(N, k) \times p^k \times (1-p)^{N-k} \qquad [11.4]$$

ベルヌーイの試行

結果が 2 つしかない実験を考えよう．結果のひとつは「成功」で，p の確率で起きる．もうひとつは（ご想像どおり）「失敗」と呼ばれ，起きる確率は $1-p$ だ．また，この実験の試行がそれぞれ互いに独立しているとする．この状況は**ベルヌーイの試行**と呼ばれる実験で，N 回の試行でちょうど k 回成功する確率は次の式で表される．

$$P(X=k) = C(N, k) \times p^k \times (1-p)^{N-k}$$

先ほど，テレサが 100 本フリースローを放ったときにちょうど 80 本決める確率を，$C(100, 80) \times 0.8^{80} \times 0.2^{20} = 0.0993$ と算出した．この数字 0.0993 を求めるためには，途方もない量の計算が必要だ．（警告！　電卓を使っても，この計算にはかなりの時間がかかる．しかも，正しい順序で計算しないと，電卓の限界を超えることになるだろう．100! はたいていのポケット電卓の限界を超える．）

例題 4　テレサがフリースローを 80％の確率で決めるとする．彼女が 100 本のうち 80 本以上のフリースローを決める確率を求めよ．

解答　例題 1 と同じ論法を使うと，この確率は，彼女が 100 本のうちちょうど 80 本決める確率，81 本決める確率……そして 100 本決める確率までを足した数であることが，簡単にわかる（ちなみに NBA では，フリースローを連続して決めた本数の記録は 2012 年時点で 97 本）．そうすると，この数字は次のようになる．

$$\mathrm{C}(100, 80) \times 0.8^{80} \times 0.2^{20} + \cdots\cdots + \mathrm{C}(100, 100) \times 0.8^{100} \times 0.2^{0}$$

この計算を行うのは，いまやっている仕事を一時的に中断しなければならないほど面倒くさい．もっと簡単に計算できる方法が必要だ．

さいわいにも，簡単な方法が見つかる見通しは立っている．

二項分布の近似

数学者もほかの人と同じで，面倒な仕事はなるべくやりたくない．Np と $N(1-p)$ がどちらも 5 より大きい場合，正規分布曲線が**二項分布**の優れた近似として使えることが，100 年以上前に発見されている．二項分布に最適な正規分布曲線は，平均値 $\mu = Np$，標準偏差 $\sigma = Np(1-p)$ という性質をもっている．

本編でピートが使ったのはまさにこの方法だ．テレサがフリースローを 100 本放ったうちの 66 本しか決められなかったと報告したとき，フレディは「テレサは調子が悪いだけじゃないか」といったような態度だった．しかしピートは，平均値 $\mu = 100 \times 0.8 = 80$，標準偏差 $\sigma = 100 \times 0.8 \times 0.2 = 16 = 4$ の正規分布として二項分布を近似した．この場合，$Np = 100 \times 0.8 = 80$ で，$N(1-p) = 100 \times 0.2 = 20$ だから，ど

ちらも 5 より大きいので，この近似は有効だ．66 は平均値の 80 を 14 下回り，標準偏差は 14/4 = 3.5 だから，テレサの調子がここまでひどくなる確率が 1000 分の 1 未満であることにピートは気づき，「調子が悪い」以外の何かが起きていると考えた．

例題 4 について最後にもうひとつ．分布の平均が 80 であるから，テレサがフリースローを 80 本以上決める確率は，正規分布を調べ，79.5 本を超える分布の割合を計算することによって求められる（これは離散型の変数であるフリースローの本数を連続型の変数で近似するためで，「ちょうど 80 本のフリースローを決める」というのを 79.5 本より大きく 80.5 本より小さい本数を決めることとして考えている）．この方法を使うと，80 本以上のフリースローを決める確率は，$79.5 = \mu - 0.125\,\sigma$ となるので，実際にはおよそ 55%だ．

第12章をもっと理解するための「ゲーム理論」

本編でフレディは，2つの行動，あるいは戦略の選択に悩んでいた．リサに電話をかけるか，それとも，電話をかけないことにするかのどちらかだ．この選択は，彼がどちらを選ぶかだけでなく，リサの気持ちにも左右される．リサはフレディに電話をかけてほしいかほしくないかのどちらかであるが，おそらく彼女はフレディの人生をできるだけみじめにしたいと思っているわけではない．相手の行動が意図的な選択の結果ではない場合，通常それは戦略ではなく，**状態**と呼ばれる．フレディが受け取る**利得**（最高を10ポイント，最低を0ポイントとした相対的な幸福値とでもいうべきもので測定）は，彼が選んだ戦略と，そのときのリサの状態に左右される．2つの要素それぞれについて，2つの選択肢があるので，これは**2×2ゲーム**と呼ばれている．もしフレディが戦略に「ニューヨークへのサプライズ訪問」という選択肢を加えたら，これは**3×2ゲーム**となる．最初の数字は，利得を測る対象のプレイヤーが選択可能な戦略の数を表すのが慣例だ．

ゲーム理論は1920年代に数学者のエミール・ボレルが考案したが，最初の重要な研究成果としては，1944年にジョン・フォン・ノイマンとオスカー・モルゲンシュテルンが刊行した書籍『ゲームの理論と経済行動』が挙げられる．戦争で起こる数多くの紛争状態はゲーム理論の枠組みのなかで都合よく公式化できるため，この理論は第二次世界大戦で集中的に研究された．しかし，ゲーム理論はそれを築いた人々がおそらく考えてもいなかった分野に数多く応用されてきた．予期せぬ分野に応用されるというのは，数学の特徴である．

●2×2ゲーム

176ページより，2×2ゲームの説明の続き

較　点

ピートがドローレスのためにつくった表を，もう一度見てみよう．

	最高価格（万ドル）	最低価格（万ドル）
クラシック	10	2
ビンテージ	7	3

ドローレスがカードをクラシックでオークションにかけた場合，最も悪い結果は2万ドルを獲得するケースだ．この数字は「行の最小値」（行で最も低い数字）と呼ばれている．同様に，カードをビンテージに出品した場合，最も悪い結果は3万ドルを獲得するケースだ．2つの行の最小値のうちで大きいほう「最悪のうちの最良」は，3万ドルを獲得するケースとなる．この数字は**マキシミン**と呼ばれている．3万ドルを獲得するマキシミンは，カードをビンテージに出品した場合に生じる．

次に，カードを最低価格で落札できるか，それより高い価格で落札するかという問題を考えてみよう．最低価格で落札できる場合，買い手にとって最悪の結果はカードがビンテージに出品されるケースで，3万ドルのコストがかかる．この数字は「列の最大値」（列で最も高い数字）と呼ばれている．カードが高値で落札された場合，列の最大値は10万ドルだ．買い手のほうからすると，カードが最低価格で落札されるか高値で落札されるかはわからないので，2つの列の最大値

のうちで小さいほう「最悪のうちの最良」は，3 万ドルである．この数字は**ミニマックス**と呼ばれる．3 万ドルを獲得するミニマックスは，カードが最低価格で落札された場合に生じる．

もともとゲーム理論は，2 人の知的なライバルがそれぞれ特定の戦略を選択できるという前提のもとに考案された．プレイヤーは単に「赤」と「青」，戦略は「赤 1」「赤 2」と「青 1」「青 2」として表現された．2 人でじゃんけんする場合と同じで，それぞれの対戦者は図を見て，どちらの戦略を選ぶかを自分で決められる．ドローレスもこれと同じ立場にあり，どちらの競売会社でカードを売ってもいい．

この場合，ドローレスの対戦相手は生身の人間ではなく，状況だ．カードが高値で売れるか，最低価格でしか売れないかは知りようがない．しかし，世界中が自分の希望を打ち砕こうと躍起になっているのだと，彼女が考えたとしたら，こう分析するのがいいだろう．ドローレスがマキシミンの価格でカードを売れるのがビンテージで，カードが最低価格で落札される場合はミニマックスの価格になることは，わかっている．カードをビンテージに出品することにしたとしても，彼女は少なくとも 3 万ドルを手にすることができる．カードが最低価格で落札されるとわかっていたら，彼女が獲得できるのは最高で 3 万ドルだ．この 3 万ドルという金額はゲームの「値」と呼ばれる．

カードが最低価格で落札されるように事が運ぶなど，現実世界では起きないと考える読者もいるだろう．確かにその通りだ．とはいえ，彼女には知りようがない．買い手がつかない可能性だってあるのだ．収集価値のある商品の市場では，誤った判断が下されることもよくある．ドローレスは理性的な相手と対戦しているという前提の下に戦略を選択しなければならないし（これはゲーム理論のもともとの前提のひとつ），対戦相手が最良の戦略から外れれば利益は増す．とはいえ，ゲームでは相手の失敗に頼っても，うまくいく試しはない．相手がミ

スしてほしいと願うことはできるが，相手が失敗しないという前提の下に計画を立てたほうがよいのだ．

それぞれの側が最良の戦略をとるとしよう．ドローレスはカードをビンテージに出品し，買い手が最低価格で落札するとする．どちらかが最良の戦略をとる一方で，その相手が最良の戦略から外れた場合，外れたほうが負ける．ドローレスはクラシックにカードを出品すると負けることになる．カードがビンテージで高値で落札されれば，ドローレスは勝つ（そして買い手たちが負ける）．これは，マキシミンがミニマックスに等しいゲームの特徴だ．最良の戦略から外れた者が負ける．

マキシミンとミニマックスが同じ値である場合，そのゲームは「鞍点」をもつという（馬に乗る人が座る鞍は最高点であるとともに最低点でもある――鞍は馬を横から見ると体の最も低い位置にあり，馬の後ろから見ると体の最も高い位置にある）．この場合，どちらのプレイヤーも，マキシミンとミニマックスの両方が必ず得られる同じ戦略（**純粋戦略**と呼ばれる）をとり，ゲームの値は常にマキシミン（もう一方のプレイヤーから見るとミニマックス）となる．

混合戦略

次に，フレディが直面した状況を考えてみよう．利便性を考えて，本編に出てきた図を以下に再録するが，分析をわかりやすくするために，2 人の知的なプレイヤーがいるという典型的な状況に当てはめ，「赤」と「青」のそれぞれが 2 つの戦略を選べると考える．スコアが高いほうが赤に有利で，スコアが低いほうが青に有利だ．

1 行目の最低値は 0，2 行目の最低値は 2 だから，マキシミンは 2．1 列目の最大値は 10, 2 列目の最大値は 7 だから，ミニマックスは 7 だ．ここで，赤がマキシミン戦略として戦略 2 を選び，青もミニマックス

		青	
		1	2
赤	1	10	0
	2	2	7

戦略として戦略2を選んだとする．このときの利得は7ポイントだ．しかし，赤が戦略2に固執した場合，青は戦略2から戦略1に変えることによってスコアを上げられる．実際，4種類の選択肢のうちのどれが選ばれても（赤1 vs. 青2など），相手が同じ戦略をとり続けるなら，自分は戦略を変えることで常に利益が得られる．これは，じゃんけんの繰り返しに見られるタイプの状況だ．

この種の状況は，本編でフレディがリサに電話すべきかどうか決めようとしている場面で分析された．較点がない場合，それぞれのプレイヤーにとって長期的に最良の手順は，相手の選択肢のどちらに対しても期待値が同じ戦略を選ぶことだ．本編でフレディは赤の役割を果たしているから，ここで，赤がpの確率でランダムに戦略1を選び，$1-p$の確率でランダムに戦略2を選ぶと考える．青の戦略のそれぞれに対して，赤の期待値を計算してみよう．

青1の場合，赤はpの確率で10ポイントを，$1-p$の確率で2ポイントを獲得する．期待値は$10p+2(1-p)=8p+2$だ．

青2の場合，赤はpの確率で0ポイントを，$1-p$の確率で7ポイントを獲得する．期待値は$0p+7(1-p)=7-7p$である．

赤がこれら2つの期待値を同等と見なした場合，青がどんな戦略をとっても，赤は長期的にその同等の期待値が得られる．$8p+2=7-7p$を解くと，$p=1/3$となる．したがって，赤は青1に対しては$8\times 1/3+2=4\,2/3$の期待値を，青2に対しても$7-7\times 1/3=4\,2/3$の期待値が得られる．これは本編の事例と同じだ．

2 × 2 ゲームを分析する

手順 1 ミニマックスとマキシミンを見つける．これら 2 つが等しい場合，ゲームは鞍点をもち，どちらのプレイヤーも純粋戦略をとるべきだ．行側のプレイヤーは最低値が高い戦略をとり，列側のプレイヤーは最高値が低い戦略をとるべきである．ゲームの値はマキシミン（あるいはミニマックス，両者は等しい）となる．

手順 2 ゲームに鞍点がない場合，行側のプレイヤーが，1 行目を p の確率で，2 行目を $1-p$ の確率で選ぶとする．次に，列側のプレイヤーの戦略それぞれに対して，この戦略の期待値を計算する．それら 2 つの期待値を等しいと見なして p の値を求める．ゲームの値は，その p の値を使って，いずれかの戦略に対する期待値を計算することによって求められる．

列側のプレイヤーも同様に分析する．

第 13 章をもっと理解するための「選挙」

個人の好みを社会の好みに変換するための理想的なシステムを考案するのは，社会科学者にとって長年の夢である．経済学者のケネス・アローがまだ大学院生のときに証明した**アローの不可能性定理**は，その夢が実現不可能であることを示している．

● 選出方法とアローの不可能性定理

188 ページより，選出方法の続き

バンカーズ・クラブの選挙では，3 つの異なる選出方法が提示された．それぞれの投票者が，候補者すべてに順位をつけた投票用紙を投票したとする．たとえば，1 位がアクロイド，2 位がウィリアムズ，3 位がモリスと投票した場合，仮にアクロイドが選出されなかったら，その投票者はウィリアムズをモリスよりも好んでいるということだ．同順位は認められない．

説明しやすいように，バンカーズ・クラブの選挙結果を以下に再録する．

第 1 候補	第 2 候補	第 3 候補	得票数
アクロイド	モリス	ウィリアムズ	24
ウィリアムズ	モリス	アクロイド	18
モリス	ウィリアムズ	アクロイド	12

選出方法 1　**相対多数**．第 1 候補としての得票数が最も多い候補者が当選する．

本編では，フォレスト・アクロイドが好んだ選出方法だ．一般的に計算が簡単で，同順位がめったに生まれないのが利点である(特に，投票者の数が多い場合)．欠点は，当選者が投票者の少数派に好まれ，それ以外の人にひどく嫌われている可能性があること．バンカーズ・クラブでの選挙結果では，アクロイドがこの状況に当てはまるように見える．

選出方法 2　**決選投票**．第 1 候補としての得票数で上位 2 人だけが残り，その 2 人のあいだでもう一度選挙する．

これはヘレン・ウィリアムズが選挙の結果を決める方法として好んだ方法だ．この方法の難点のひとつは，不誠実な投票を招きやすいということである．たとえば，4 人の候補者がいる選挙で決選投票を行う場合を考えよう．はっきりした筆頭候補がいて，2 人が 2 位を争い，もう 1 人が分派の候補者だとする．この場合，分派の候補者は決選投票で，2 位争いをしている候補者の 1 人に投票するよう自分の支持者に呼びかけることによって選挙に大きな影響力を及ぼせる．これは現実の世界でよく起こることだ．人に何と言われようと，それぞれの投票者が自分の好みを書いて初めて，誠実な投票は行われる．

選出方法 3　**ボルダ得点**．第 1 候補，第 2 候補，第 3 候補のそれぞれにポイントを設定する．ポイントは順位が高いほど高い（第 1 候補のほうが第 2 候補よりポイントが高い，など）．ポイントの合計（あるいは投票者 1 人あたりのポイントの平均）が最も高い候補者が当選する．

ボルダ得点が有利なのは，各投票者がそれぞれの候補者についてどう感じているかが反映されることだ．一方，欠点のひとつは，ポイントの付け方によって当選者が変わることである．

例題 1　選挙で A，B，C という 3 人の候補者がいて，次のような投票結果になったとする．

順位に応じたポイントが 3–2–1 の場合（a）と 5–3–2 の場合（b）の，ボルダ得点を使った方法による選挙結果を計算せよ．

第 1 候補	第 2 候補	第 3 候補	得票数
A	B	C	11
B	C	A	8
C	B	A	17

解答　この計算は単純だ．3–2–1 の場合，ポイントの合計は以下のようになる．

$$A = 11 \times 3 + 8 \times 1 + 17 \times 1 = 58$$
$$B = 11 \times 2 + 8 \times 3 + 17 \times 2 = 80$$
$$C = 11 \times 1 + 8 \times 2 + 17 \times 3 = 78$$

したがって当選者は B だ．しかし 5–3–2 の場合，ポイントの合計はこうなる．

$$A = 11 \times 5 + 8 \times 2 + 17 \times 2 = 105$$
$$B = 11 \times 3 + 8 \times 5 + 17 \times 3 = 124$$
$$C = 11 \times 2 + 8 \times 3 + 17 \times 5 = 131$$

この場合，当選者は C となる．

推移性のパラドックス

こうした問題が特定の状況で生じうることは，1 世紀以上前から知られている．個人の好みを表すわかりやすい性質のひとつは，その人物が選択肢 A を選択肢 B よりも好み，同じ人物が選択肢 B を選択肢

Cよりも好んでいる場合，その人物は選択肢Aを選択肢Cよりも好むというものだ．これは**推移性**と呼ばれている．数字も同様の推移性を示す．a>bかつb>cならば，a>cである．

しかし，個人の好みの推移性は，社会の多数派の推移性を反映するわけではない！　次の例を見てみよう．

例題2　A，B，Cを候補者とする選挙が行われ，次のような投票結果になったとする．

第1候補	第2候補	第3候補	得票数
A	B	C	11
B	C	A	10
C	A	B	9

投票者の大多数はAをBよりも好み（20対10），同様に，大多数はBをCよりも好んでいる（21対9）．もし個人がこうした選好（AをBよりも好み，BをCよりも好む）を示した場合，その人物はAをCよりも好んでいるとの結論は正しいだろう．しかし，社会の多数派がAをBよりも好み，BをCよりも好んでいても，同じ結論は得られない．この例では，CをAよりも好んでいるのが多数派だからだ（19対11）．

この例は，個人の選好から社会の多数派の選好を推定できるという直感的な考え方に何らかの間違いがあるということを，端的に示している．

アローの不可能性定理

例題2は多数派の選好が推移的ではなく，少しとまどってしまう．それでも，古今の社会科学者たちは個人の選好を社会的選好に変換す

るシステムの探究をやめなかった．

理想的には，個人の選好を列挙し，そのリストから社会的選好のリストを導くのがいい．例題 2 では，確かに個人の選好が推移的であっても，社会的選好については推移性を期待できないことが示された．社会が 2 つの選択肢のいずれかを選べるように，個人の選好のリストに由来する「社会的選好の手法」を確立することが望まれる．ここでは，それぞれ望ましい性質をいくつか挙げておく．

- 推移性：推移的な「社会的選好の手法」をめざす．社会が選択肢 A を選択肢 B より好み，選択肢 B を選択肢 C より好む場合，社会は選択肢 A を選択肢 C よりも好むはずである，という考え方だ．
- 非独裁性：独裁的でない社会をめざす．自分の好みを社会に自動的に適用できる人物は存在すべきではない．独裁的な社会では，独裁者の好みが社会に自動的に適用される．だから独裁者が生まれるのだ．
- 全会一致の選好を保持：社会を構成するすべての人が選択肢 A を選択肢 B よりも好んだ場合，社会は選択肢 A を選択肢 B よりも好んでいるはずだ．
- 無関係な選択肢からの独立性：投票用紙に少なくとも A，B，C という 3 つの選択肢が含まれ，社会が選択肢 A を選択肢 B よりも好んだとする．この場合，投票用紙から選択肢 C が削除されたとしても，社会は選択肢 A を選択肢 B よりも好むはずだ．

「推移性」と同じように，「無関係な選択肢からの独立性」は一般的に個人に当てはまるのはよくわかる．たとえば，夕食を食べにいったとき，メニューにステーキ，魚，チキン，ハンバーガーが載っていて，ステーキを注文したとする．そのあとウェイターが戻ってきて，魚が

品切れになったと伝えてきた．あなたは間違いなく「そんなのどうでもいいよ．ステーキを持ってきてくれ」と言うだろう．この場合，魚の品切れが無関係な選択肢である．関係があるのは，夕食に魚を食べようと思った場合だけだ．

上に挙げた性質のそれぞれは望ましいだけでなく，表面上は筋が通っているように見える．しかし，アローの不可能性定理では，これらすべての性質をもった「社会的選好の手法」は構築できないことが示されているのだ！

2 人を超える候補者がいる選挙では，手法の選択が当選者の決定で重要な役割を果たすことがあり，「人々の意志」が偶然に，あるいは知らず知らずのうちに覆されることがある．選挙には完璧な手法がないことが，アローの不可能性定理によって示されている．

思考の糧として，こんな例を挙げよう．アメリカ合衆国に州が 4 つしかないとする．選挙人の票の数は 4 州の合計が 100 票で，そのうち 3 州は 26 票あり，残りの 1 州は 22 票しかない．この場合，不運にも 22 票の州に住んでいたとしたら，選挙の結果にまったく影響を及ぼせないことになる．26 票もっている州の 2 つで候補者が勝利すれば，その候補者は過半数の 52 票を獲得して当選が決まってしまうからだ．

アメリカ大統領選の選挙人制度は優れたアイデアなのか．名の知れたあるテレビネットワークは，私たちの役割は報道することで，決めるのは国民だと言う．そうかもしれない．選挙人制度のもとでは大統領選挙で奇妙な結果が生じたこともあり，この制度を廃止しようという動きがあるからだ．

アローの不可能性定理が示しているように，選挙に完璧な方法はない．しかし，社会科学者たちはできるだけ欠点の少ない方法を探究し続けている．

第 14 章をもっと理解するための「アルゴリズム，効率，複雑性」

● 計画の重要性

いくつかの場所を巡るときに効率が悪いと，時間やお金といった貴重な資源を無駄にしてしまう．そうした資源のなかには数字で表現できるものもある．数字で表現できるものならば分析には適している．

効率的な計画に関する数学の分野は**オペレーションズ・リサーチ**と呼ばれるが，その基本原則のいくつかは単なる一般常識で，ふだんの生活のなかでよく経験するものだ．たとえば，郵便局で小包を送る，図書館で本を受け取る，オイル交換のために車を預けるといった用事があり，どの場所も次の場所まで歩ける範囲にある場合，図書館と郵便局が開いている時間に出かけ，車のオイルを交換してもらっているあいだに小包の送付と本の受け取りをすませようと考えるだろう．また，訪れる場所がいくつかある場合，移動時間がなるべく短くなるような順序で回ろうとするだろう．

ふだんの生活ならば，訪れる場所や用事の数はそれほど多くないので，移動や用事をある程度効率よく行うように計画するのはまずまず簡単だ．しかし，訪問先や用事が多くなると，それらをこなす順序の組み合わせは天文学的な数になる．たとえば，大規模な建設プロジェクトでは，膨大な数の作業がある．電線用の管をまだ設置していないのに電気技師を呼んだら，彼らを待たせることになり，たくさんの時間とお金が無駄になりかねない．

ここでは，移動をできるだけ効率よく行うための数学を見ていく．

● 移動（ルート）

あらゆる都市はその規模にかかわらず，移動ルートに関して 2 つの

問題を共通して抱えている．ごみ収集と，壊れた信号機の補修だ．ごみ収集車は中央の拠点から出発して，通りという通りに面した建物のすべてでごみを収集し，拠点へと戻ってくる．このとき最も効率がよいのは，収集車が一度通った道を通らずにすむルートだ．

信号機の補修員はまた違った問題を抱えている．信号機の故障は市内の異なる地域で起こるものだ．信号機の補修をできるだけ効率よく行うためには，補修員の移動距離の合計が最も短いルートを計画するのがいい．

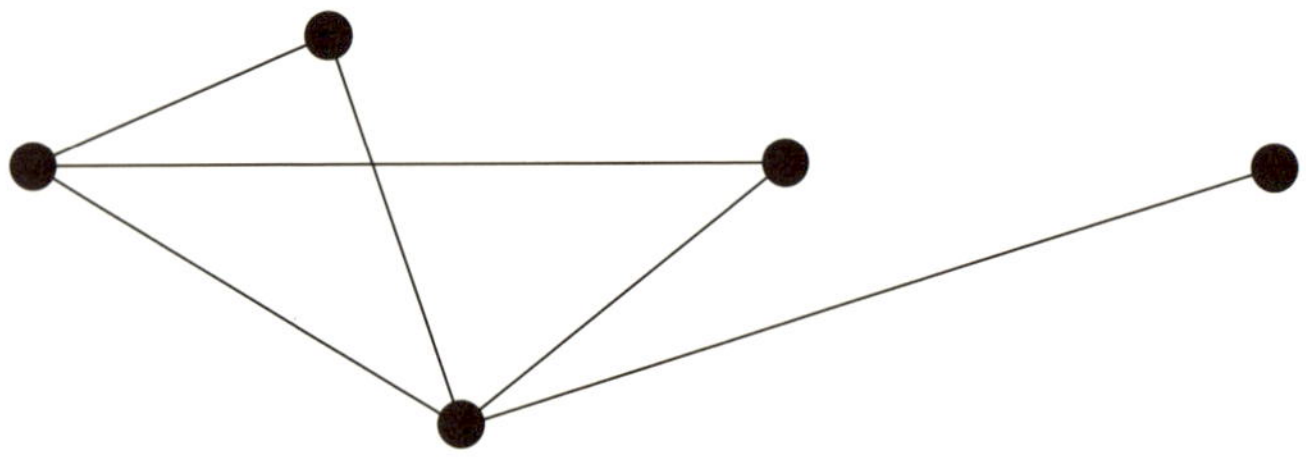

図 14.2　5 個の頂点と 6 本の辺をもつグラフ

それぞれのルートに関する問題は，図 14.2 のようなグラフの形で単純に表すことができる（ここでいう「グラフ」は関数のグラフとは意味が異なるが，ほかの言葉にも複数の意味があるように，数学にも複数の意味をもつ用語があるのだ）．このグラフは「頂点」と呼ばれる点と，「辺」と呼ばれる線からなる．

ごみ収集の問題では，2 回以上通る道ができるだけ少なくなるようにルートを計画する．信号機の補修の問題では，すべての頂点を訪れるのに移動距離の合計が最も短いルートを考える．

すべての頂点の訪問が目的の場合

本編の「クオーターバック騒動」に書かれていたように，グラフ中

のすべての頂点を訪問する際に合計の移動距離を最短にする問題は**巡回セールスマン問題**（TSP）と呼ばれている．

1 人のセールスマン（セールスウーマン）が n カ所の異なる都市を訪問してから帰宅する場合，最初に訪れる都市の選択肢は n カ所ある．そこから次に訪れる都市は残りの $(n-1)$ カ所のなかから選択し，その次の行く先は $(n-2)$ カ所のなかから選択する，というように最後まで続く．中華料理店の原理により，選択可能なルートの合計は $n \times (n-1) \times (n-2) \times \cdots\cdots \times 1 = n!$ となる．

25 のように n がそれほど大きくない値であっても，$n!$ は天文学的に大きな数字になる．世界最速のスーパーコンピューターであっても，25! 個もの異なるルートの合計距離をそれぞれ調べるためには途方もない時間がかかるだろう．そのため，数学者たちは次の 2 つの問題を検討してきた．

問題 1　いくつかのルートを選択して調べただけで，最短ルートを見つけられるアルゴリズムはあるだろうか？

問題 2　いくつかのルートを選択して調べただけで，最短に近いルートを見つけられるアルゴリズムはあるか？

195 ページより，巡回セールスマン問題の説明の続き

本編でピートが指摘しているように，問題 1 については，そのようなアルゴリズムが存在するかどうかさえもわかっていないが，数学界では存在しないと考えられている．巡回セールスマン問題は，数学者がいうところの**NP 完全問題**の一例だ．そうした問題できわめて重要なものは数多くあるが，それらはたいてい可能性の数が階乗（$n!$）で表される．

たとえば，自動車やテレビ，回路基板の組み立ての問題など，典型的な工場で生じるスケジュールの問題を考えてみよう．実行しなければならない細々とした作業は数多くあり，なかには決まった順序でしかできない作業もあるが，どのような順序でも実行できる作業もたくさんあるのが通例だ．この場合，仕事全体の実行にかかる合計時間を最短にしたり，合計のコストを最小にしたりする必要があるが，これもまた TSP の類型でしかない．

階乗がかかわる問題は，元の数字がそれほど大きくなくても膨大な量の計算が必要になるのでやっかいだ．巡回セールスマンが 25 カ所の都市を訪れる場合になると，世界最速のスーパーコンピューターの能力を超えるほどの計算が必要になる．TSP の種類によっては，数千カ所もの都市がかかわることも珍しくない．

1971 年，カナダのトロント大学の数学者スティーブン・クックは，ひとつの NP 完全問題が解けるのなら，あらゆる NP 完全問題が解けるということを示した．こうした研究結果は問題の解法を伝えているわけではないが，ある程度の洞察をもたらしてくれる．これがさらに示しているのは，(1) 誰かがそうした問題をひとつでも解ければすべての問題が解けること，そして，(2) そうした問題が解けないことを誰かが示したら，ほかの問題を解こうと「時間を無駄にする」必要はないということだ．現在のところ，NP 完全問題を解いた人はいないが，それらが解けないことを示した人もまたいない．

問題 2 の解決に向けては進展が見られる．本編に登場する「最も近い隣人」のアルゴリズムなど，アルゴリズムの記述と実行はそれほど難しくない．それよりはるかに難しいのは，そのアルゴリズムがどれぐらい優れているかを判断することだ．どの TSP にも，最短ルートの距離という「最良の」答えはある．たとえば最良の答えから 10% の範囲内にある答えを導き出せるアルゴリズムが見つかったら，かな

りの進展になるのは明らかだ．実際の世界で起きる問題に対して優れた結果を導き出せるアルゴリズムはいくつか考案されているが，あらゆる事例で「最良に近い」結果を確実に出せるアルゴリズムはまだ見つかっていない．

TSP やそれに関連する NP 完全問題は，計り知れないほど大きい実用的な価値をもっているので，数学のあらゆる問題のなかでもとりわけ活発な研究がなされている．

仕事の複雑性を計算する

N^2 個の手順，N^8 個の手順，あるいは N^p 個（p は決まった整数）の手順で実行できる仕事は，「多項式的な複雑さをもつ仕事」といわれている．これは，数字 N を「もうひとつだけ」上げたときの仕事の増加率は，N が大きくなればなるほど小さくなるという性質をもっている．

N^3 個の手順で実行できる仕事を考えよう．$N = 10$ ならば仕事には 1000 個の手順が必要で，$N = 11$ ならば 1331 個の手順が必要になる．この増加率はおよそ 13.3％だ．しかし，$N = 100$ ならば 100 万個の手順が必要で，$N = 101$ ならば 103 万 301 個の手順が必要になり，このときの増加率はおよそ 3％しかない．増加率は N が大きいほど小さくなる．

仕事の規模に関する次の段階は，完了までに 2^N 個の手順が必要な「幾何級数的な複雑さをもつ仕事」だ．そうした仕事では，手順を 1 つ増やしたときの仕事の増加率は常に同じで，仕事にかかる時間が 2 倍になる．幾何級数的な複雑さをもつ仕事を，多項式的な複雑さをもつ仕事に縮小できるアルゴリズムは，とりわけ N が大きい場合に，時間を大幅に節約できる可能性を秘めている．

仕事の複雑性で究極に怖いのは，TSP のような「階乗的な複雑さを

もつ仕事」だ．すでに説明したように，N カ所の都市を訪問しなければならない巡回セールスマンには，ルートの選択肢が $N!$ 個もあるのだ．N が大きくなればなるほど，訪問する都市を「もうひとつだけ」増やしたときの仕事の増加率は大きくなる．実際，$(N+1)!/N! = N + 1$ なので，N カ所から $N+1$ カ所に増やしたときの増加率は，$N+1$ 倍も大きくなるのである．

「クオーターバック騒動」に登場した「最も近い隣人」のアルゴリズムは，階乗的な複雑さをもつ仕事を多項式的な複雑さをもつ仕事まで縮小するものだ．N カ所の都市を訪れる TSP に「最も近い隣人」のアルゴリズムを適用するには，都市間の最初の移動を N 種類，2 番目の移動を $N-1$ 種類，3 番目の移動を $N-2$ 種類，そして以下同様に検討すればよい．この方法によって，合計で $N+(N-1)+\cdots\cdots+1$ 個の計算手順が得られ，パターンに関する章での説明から，この合計は $N\times(N+1)/2$ であることがわかっている．これは N^2 より小さい．

「最も近い隣人」のアルゴリズムは「貪欲法」と呼ばれることも多い．これは，それぞれの段階で特定のルールに従って最良の手順を選び，それらの手順に従った計画が全体的に最良の結果を生むと期待しているからだ．おなかが空いたときに最初に目にした食べ物を食べ，それによって必要な栄養素を最もよく摂取できると期待するようなものである．この方法を使う人に幸運を祈ろう．

■著 者　ジェイムズ・D・スタイン（James D. Stein）

カリフォルニア州立大学ロングビーチ校数学の名誉教授．翻訳された著書に『不可能，不確定，不完全』（早川書房）がある．

■訳 者　藤原 多伽夫（ふじわら たかお）

翻訳家，編集者．1971年三重県生まれ．静岡大学理学部卒業．科学，探検，環境，考古学など幅広い分野の翻訳と編集に携わる。主な訳書に，グリン＝ジョーンズ『「日常の偶然」の確率』（原書房），パーカー『戦争の物理学』（白揚社），リチャード・ショー『昆虫は最強の生物である』（河出書房新社）などがある．

探偵フレディの数学事件ファイル

LA発 犯罪と恋をめぐる14のミステリー

2017年11月30日　第1刷　発行

訳　者　藤原多伽夫
発行者　曽根　良介
発行所　（株）化学同人

検印廃止

〒600-8074 京都市下京区仏光寺通柳馬場西入ル
編集部 TEL 075-352-3711 FAX 075-352-0371
営業部 TEL 075-352-3373 FAX 075-351-8301
振　替 01010-7-5702
E-mail webmaster@kagakudojin.co.jp
URL https://www.kagakudojin.co.jp

印刷・製本　シナノパブリッシングプレス（株）

ISBN978-4-7598-1949-6